SHORT VIDEO

1小时出片

短视频制作从入门到精通

蔡京珂　编著

人民邮电出版社

北　京

图书在版编目（ＣＩＰ）数据

1小时出片：短视频制作从入门到精通 / 蔡京珂编
著. -- 北京：人民邮电出版社，2023.4
ISBN 978-7-115-59942-1

Ⅰ. ①1… Ⅱ. ①蔡… Ⅲ. ①视频制作 Ⅳ.
①TN948.4

中国版本图书馆CIP数据核字(2022)第158170号

内 容 提 要

本书为短视频制作与剪辑全流程教程，共 4 章，内容包括基础的短视频制作知识及丰
富的综合案例，由浅入深，循序渐进。首先介绍了短视频创作的准备工作，把前期工作做
好，才能为短视频制作打下基础。然后讲解了摄影的理论知识和短视频的拍摄技巧。接着
讲解了短视频的剪辑技巧，内容覆盖了转场、调色和声音等。最后是综合案例，包括 5 种
类型的短视频，介绍了从前期准备到后期剪辑的全流程。

随书附赠案例需要的素材及在线教学视频，以便读者更好地学习。

本书适合短视频制作爱好者、新媒体行业从业人员和短视频创作者学习和阅读。

◆ 编　著　蔡京珂
　　责任编辑　张　璐
　　责任印制　马振武

◆ 人民邮电出版社出版发行　　北京市丰台区成寿寺路 11 号
　邮编　100164　　电子邮件　315@ptpress.com.cn
　网址　http://www.ptpress.com.cn
　北京尚唐印刷包装有限公司印刷

◆ 开本：700×1000　1/16
　印张：18.75　　　　　　　　2023 年 4 月第 1 版
　字数：358 千字　　　　　　 2023 年 4 月北京第 1 次印刷

定价：99.90 元
读者服务热线：**(010)81055410**　印装质量热线：**(010)81055316**
反盗版热线：**(010)81055315**
广告经营许可证：京东市监广登字 20170147 号

从"转场""风格化调色"等短视频潮流话题，到基本审美与影视工业的基础标准皆囊括在本书中。紧扣时代热点，不脱离时代脚步是我对本书最为欣赏的一点！

——影视导演、演员，资深动作指导　于洪林

永远不变的流量密码是高质量的"产出"，作者掌握了如何吸睛。无论是专业级调色软件，还是入门级手机剪辑软件，本书皆有提及，内容深入浅出，环环相扣，任何群体都能从中获益。

——微博千万粉丝自媒体博主　圈少爷

如果大家认真看完这本书，并多次实践，那么不仅能提升自己在短视频制作领域的造诣，还能加深自己对美的感悟。其实任何事情的发生都是有迹可循的，你应该看得见自己的进步，从 0 到 1。

——商业导演　汪维伟

"寓教于乐"在本书中体现得非常充分。理论与实践结合得恰到好处，使本书阅读起来没有那么枯燥。通过作者给出的案例，读者可以轻松学习短视频拍摄所需要的专业技能。

——上海佩壹文化传媒创始人，8K RAW/ 视觉中国签约摄影师　王肖一

我很喜欢最后一章的案例讲解，其涵盖了 Vlog、旅拍等短视频案例，从路线规划，到"大片"技巧，这些知识能帮助我们提升出片水准。

——知名旅拍博主　Domi

我从小就喜欢创造，总想着做出与众不同的东西。

　　记得在我上六年级时，詹燕老师提议让我去参加"小记者班"，这是我第一次接触影视行业。同年，我和同学组建了小团队，拍摄微电影（当时"微电影"这个词很火），将一部微电影拍到了第 4 季。在我上高一的时候，该作品获得当地电影节的奖项。年少时期的荣誉给予了我莫大的激励，让我砥砺前行，继续创作。

　　高中毕业后，杨亚凌导演同意让我进公司学习，从此我便走上了商业拍摄之路。我把从前自学的经验和实践相结合，陆续与一些知名公司合作，运营过如一闪 Talk 等短视频账号。之后，我对互联网产生了浓厚的兴趣，逐步开始在创意和科技间寻找平衡，如与李星磊、倪奥然等人联合创立了知鱼素材网。

　　我喜欢在学习中成长，在实践中学习。我出过一期关于时间重映射的教学类视频，该期视频获得了比较好的反响，人民邮电出版社也因此联系上我，希望我写出一本关于短视频制作的教程，我也乐于给大家分享这些年我在学习和工作中积累的经验，以及我关于短视频制作的一些见解。我不喜欢教科书式的枯燥讲解，也不喜欢过于肤浅简单的教程。在本书中，我尝试结合创作实践给大家带来由浅入深的知识，希望能对大家有所帮助！

　　最后，我想特别感谢陈想对本书 3.6 节的撰写，以及丁西贝、杨亚凌、李星磊、吴昊洁、倪奥然、石鲁杰等人给予我的帮助。

蔡京珂

2022 年 7 月

资源与支持

本书由"数艺设"出品，"数艺设"社区平台（www.shuyishe.com）为您提供后续服务。

配套资源
案例素材文件。
图书配套在线视频课程。

（提示：微信扫描二维码关注公众号后，输入51页左下角的5位数字，获得资源获取帮助）

（提示：扫码在线观看教学视频）

"数艺设"社区平台，为艺术设计从业者提供专业的教育产品。

与我们联系

我们的联系邮箱是 szys@ptpress.com.cn。如果您对本书有任何疑问或建议，请您发邮件给我们，并请在邮件标题中注明本书书名及 ISBN，以便我们更高效地做出反馈。

如果您有兴趣出版图书、录制教学课程，或者参与技术审校等工作，可以发邮件给我们。如果学校、培训机构或企业想批量购买本书或"数艺设"出版的其他图书，也可以发邮件联系我们。

关于"数艺设"

人民邮电出版社有限公司旗下品牌"数艺设"，专注于专业艺术设计类图书出版，为艺术设计从业者提供专业的图书、视频电子书、课程等教育产品。出版领域涉及平面、三维、影视、摄影与后期等数字艺术门类，字体设计、品牌设计、色彩设计等设计理论与应用门类，UI 设计、电商设计、新媒体设计、游戏设计、交互设计、原型设计等互联网设计门类，环艺设计手绘、插画设计手绘、工业设计手绘等设计手绘门类。更多服务请访问"数艺设"社区平台 www.shuyishe.com。我们将提供及时、准确、专业的学习服务。

目录

C O N T E N T S

第 3 章 剪辑

第 4 章 综合案例

第一章

准备

工作

在正式开始创作短视频之前，首先需要做好准备工作。本章重点讲解创作前期的准备，如何培养审美意识，如何确定创作方向，以及如何选择拍摄设备、录音设备和后期处理工具等。

1.1 创作前期的准备

短视频是一种新兴的影像类型，它的创作门槛比较低，受众面较广，不少人拿起手机就可以拍出点赞量上百万的作品。但由于缺乏成熟的思维和专业的技术，很多短视频账号如昙花一现，很快就淡出了观众的视野。

在本书中，笔者会按照影像制作行业的标准来指导大家制作短视频。在学习的过程中，大家可能会遇到不少难度较大的操作，这些操作需要通过实践才可以掌握。与其他教程不同的是，本书侧重于结合实际案例讲解操作步骤，以加深大家对相关知识的理解，帮助大家循序渐进地掌握相关技术。此外，建议大家在边学边做的同时，做好知识的归纳整理工作，这样可以最大限度地提高学习效率。

在正式创作前，新手应该从何处入手呢？首先，需要一台可以进行创作的设备，可以是手机，也可以是微单相机，大家可以按需购入。现在支持拍摄 HDR 视频的手机拍摄出的画面可能比一般的微单相机拍摄出的还要精美。一开始就追求昂贵的拍摄设备并不可取，根据自己的经济能力和拍摄需求，循序渐进地更新设备，才是一条合理且长久的发展道路。

1.2 培养审美意识

很多讲解视频制作的书都忽视了对"审美"的强调，因为作者要么认为它过于抽象、笼统，要么认为它无关紧要，但在笔者看来，拥有良好的审美意识是拍摄优质视频的基础。笔者并不完全赞同"审美因人而异"这类观点。审美意识其实可以靠后天培养形成，就像你住进一家装修设计一流的酒店以后，就会知道一家高档的酒店应该拥有什么样的配套环境；你持续关注近几年的 iF 设计奖（iF Design Award）、红点设计大奖（Red Dot Design Award）以后，就会被当前的审美潮流所感染、熏陶；你经常在大型的视频平台上浏览优秀的视频，就会对视频创作更有体会。总之，看过"好"的东西后，思路自然就会打开。

也许有人会说，即使是不好看的场景，也可以通过合理的构图和色彩搭配，拍出让人眼前一亮的画面。笔者并不否认这一点，但是，如果眼前的场景过于糟糕，可能大多数情况下都无法拍摄出精美的画面。因此，我们不必浪费时间去思考如何才能把这样的场景拍好，而应该赶快找寻下一个适宜拍摄的场景。

只有欣赏了足够多的优秀作品后，我们才有可能形成良好的审美意识。当你看到自己以前拍摄的作品或其他人拍摄的作品，发现其明显"不够美观"时，你便开始形成自己的审美意识了。

1.3　确定创作方向

在创作前期，我们需要培养兴趣，找到自己喜欢的创作方向。

按照某短视频平台的分类标准，热门短视频大多属于以下类型。

二次元	娱乐明星	美食	体育
剧情	搞笑	旅游	游戏
汽车	影视综艺	科技	财经

如何找到自己感兴趣的领域呢？很简单，以上分类，总结你所使用的短视频平台每天为你推送的短视频属于哪一类就可以了。

兴趣才是最好的老师，确定创作方向以后，就大胆地去拍吧！

1.4　拍摄设备的选择

拍摄技术在不断革新，拍摄设备也如同手机一样，逐渐成为一种快消品。本节将介绍近年来值得购买的几款拍摄设备，供大家参考。

索尼A6400

索尼 A6400（见图 1-1）是一款性价比很高的微单相机，适合绝大多数准专业级别的短视频创作者。该相机支持 425 点 4D 对焦，以及 4K 视频拍摄，显示屏可翻转，可以满足绝大多数短视频创作者的拍摄需求。

—

图 1-1　索尼 A6400

GoPro系列

由于体积的限制，运动相机在画面表现上没有单反相机好，但它的便携性和拓展性是单反相机无法比拟的。优秀的机内收声功能、与时俱进的算法与参数设置、简单快捷的操作，使它成为短视频创作者拍摄 A-roll 镜头的首选设备，图 1-2 所示为 GoPro Hero 9 Black。

—

图 1-2　GoPro Hero 9 Black

松下Lumix S5

全画幅的松下 Lumix S5（见图 1-3）可以满足绝大多数专业级别的短视频创作者的拍摄需求。其内录 422、10bit 颜色采样、4K 分辨率、双原生 ISO 等参数让不少短视频创作者大为赞叹。

—

图 1-3　松下 Lumix S5

Blackmagic Pocket Cinema Camera 4K

该设备（见图 1-4）在业内简称 BMPCC 4K，尽管已经更新到了 6K 版本，但笔者依旧认为 4K 版本是标志性产品。与前面提到的其他拍摄设备不同，BMPCC 4K 是一台实实在在的（小型）电影机，它拥有专业电影机的大部分功能，使用它能拍出足够专业的画面。

图 1-4　Blackmagic Pocket Cinema Camera 4K

1.5　录音设备的选择

在拍摄阶段，需要使用录音机与话筒对声音进行拾取并保存。录音设备无外乎两种：内置录音设备与外置录音设备。内置录音设备是指手机或相机内置的话筒和录音设备；外置录音设备是指外部独立的话筒和录音机。

短视频创作者通常直接使用内置录音设备进行录音，但其录音效果往往不是特别好。如果对短视频质量要求较高，建议采用话筒连接内置录音设备的方式进行录音；如果追求更好的音质，那就需要采用"独立录音机 + 话筒"的组合了。

话筒的型号一般从外观上就能分辨出来。外形设计不同的话筒适用于不同的场景，下面主要介绍 3 种常用的话筒。

立体声话筒

立体声话筒是比较常用的话筒，大多数拍摄设备的话筒所拾取的声音都是立体声。立体声话筒可以接收来自四面八方的声音，是最能反映现场声音情况的录音设备。不少短视频创作者喜欢在相机顶上安装一个立体声话筒，以弥补内置录音设备的不足。图 1-5 所示为 Rode NT5 立体声话筒。

—
图1-5 Rode NT5立体声话筒

枪式话筒

外形像枪一样的话筒就是枪式话筒，它能够专门拾取话筒前方的声音，也就是说，它指向哪里，就拾取哪里的声音。与立体声话筒不同，枪式话筒只接收音源发出的声音，不接收周围环境的声音。图 1-6 所示为 Rode NTG4+ 枪式话筒及其挑杆。

—
图1-6 Rode NTG4+ 枪式话筒及其挑杆

领夹式话筒

以 Rode Wireless Go（见图 1-7）为代表的领夹式话筒是众多短视频创作者的"心头好"。一块连接单反相机，另一块夹在自己的领口上，就可以进行声音的无线传输。不管距离相机多远（前提是在通信范围内），它都能保证声音清澈响亮。

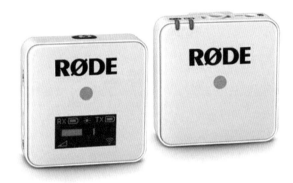

图 1-7　Rode
Wireless Go

1.6　后期处理工具的选择

拍好视频后，我们可以直接在手机上进行剪辑，也可以在计算机上进行剪辑。在手机上，笔者推荐使用剪映 App，其操作比较便捷；在计算机上，笔者推荐使用这 3 种剪辑软件：Premiere Pro、Final Cut Pro 和 DaVinci Resolve。

Premiere Pro

Premiere Pro 在业内普遍简称 Pr，其启动界面如图 1-8 所示。Premiere Pro 是 Adobe 公司出品的一款剪辑软件，它可以和 Adobe 公司出品的其他软件，如特效软件 After Effects、音频软件 Audition 等创建动态链接，从而在工作中大大提高团队协作效率，因此受到不少业内人士的青睐。另外，该软件在 Windows 和 macOS 两个操作系统中都可以运行，所以它的受众面较广。本书第 3 章会以 Premiere Pro 为例，讲解后期剪辑的工作流程。

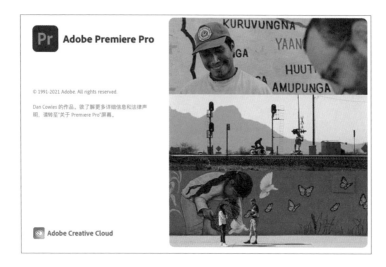

Final Cut Pro

Final Cut Pro 在业内普遍简称 FCP，其启动界面如图 1-9 所示，它是苹果公司出品的一款剪辑软件。在 FCP 中，软、硬件的配合更为稳定，运行更流畅，其内置的丰富的效果和预设可以让创作者事半功倍。不过，它只能在 macOS 操作系统中运行。

图1-9 Final Cut Pro 的启动界面

DaVinci Resolve

DaVinci Resolve 在业内普遍简称"达芬奇"，其启动界面如图 1-10 所示，它是 Blackmagic Design 公司出品的一款后期处理软件。"达芬奇"早期版本凭借出色的调色系统而闻名；而在最近几年，"达芬奇"在许多方面都有了堪称卓越的表现，甚至已经超越上述两款"老牌"软件了。由于其调色功能强大，本书第 3 章会以"达芬奇"为例，为大家讲解后期调色的工作流程。

图1-10 DaVinci Resolve 的启动界面

　　在后期处理工作中，更好的工具可以带来更高的剪辑效率。例如，在显示器方面，笔者建议大家尽量选择更大的屏幕尺寸、更高的分辨率，以及更广的色域；在其他计算机硬件方面，由于迭代迅速，这里不提供具体的配置信息，但建议尽量选择较高的配置。总之，选择适合自己的工具，提升自己的短视频质量才是最好的方案。

拍摄
阶段

准备工作做好以后，就可以进入拍摄阶段了。本章将从相机的基本参数讲起，重点讲解构图与画面、摄像参数、运镜、画面参数、收声工作，以及其他注意事项。在学习过程中，大家需要拿起设备，在学完一些拍摄方法后，亲自去实践。

2.1 相机的基本参数

在短视频创作过程中，需要用到不少摄制工具。本节将以佳能 EOS 6D 和索尼 A7 III 为例，讲解相机的基本参数。

2.1.1 相机的不同模式

不管是微单相机还是单反相机，通常都可以在其机身顶部的转盘上看到 P、A/Av、S/Tv、M 这 4 类英文标志，如图 2-1 所示，不同的英文标志代表不同的模式。

图 2-1　佳能 EOS 6D 的转盘

除了上面提及的 4 种基本模式，转盘上还会提供更多的模式选择。

C1/C2 挡是两种自定义模式，类似于照片的预设。A⁺ 挡类似于索尼微单系列中的 AUTO 挡，属于全自动模式，在此模式下，相机会依据当前环境自动设定快门速度和感光度（ISO）等参数，也就是俗称的"傻瓜式拍照"，用户无须自行设置相关参数。

不同品牌和不同型号的相机会有一些"独特"的拍摄模式，需要大家自行研究。本小节主要讲解最常见的几种拍摄模式。

摄影贴士

不同相机的标注可能也有差异，如佳能的 Tv 挡对应索尼的 S 挡，均为快门优先模式；佳能的 Av 挡对应索尼的 A 挡，均为光圈优先模式。

1. P 挡

P挡，即程序自动曝光模式（Program Automatic Exposure Mode）。在此模式下，相机会根据场景自动设置快门速度和光圈值。与 A⁺挡不同的是，P挡下的感光度、白平衡、测光模式等参数，用户可以自行设置。

在其他参数相同的情况下，感光度越高，画面就越亮，但也会带来更多的噪点。放大照片，可以看到的杂色颗粒就是噪点，它极大地影响了影像的质量，如图 2-2 所示。

图 2-2　不同噪点数量的效果对比

观察图 2-3 中的参数，可以看到在快门速度（1/20 秒）和光圈值（F4.0）相同的情况下，下图拥有 20000 的感光度，而上图只拥有 800 的感光度，因此下图更加明亮。

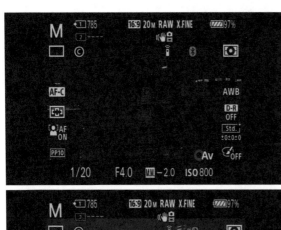

图 2-3　不同感光度的成像效果对比

图 2-4　相机曝光补偿拨轮

大家可以使用低感光度或较慢的快门速度来达到相同的效果，避免产生较多的噪点。但是在大多数情况下，噪点的产生是无法避免的，关于后期通过算法消除大部分噪点的具体操作方法，本书第 3 章会讲到。

在 P 挡下，需要调节一个参数——曝光值（Exposure Values，EV）。

相机曝光补偿拨轮上的数值范围为−3 到+3，如图 2-4 所示，其类似于手机相机对焦点旁的曝光控制条，如图 2-5 所示。

图 2-5　手机相机曝光值的调节

摄影贴士

有时候在相机上设置曝光值是不起作用的，可以尝试将感光度设置为 AUTO（自动）模式，如图 2-6 所示。

图 2-6　将感光度设置为 AUTO 模式

在 P 挡模式下，可以把感光度控制在合理的范围内，以控制噪点的数量。图 2-6 中的"ISO 100"和"ISO 1250"代表感光度会在 ISO 100 到 ISO 1250 的范围内随指定的曝光值自动变化。

一般情况下，曝光值默认为 0，如果想要更高的曝光程度，就相应地增大数值，EV＞0；如果想要更低的曝光程度，就相应地减小数值，EV＜0。

在逆光环境下，增大曝光值可以打亮前景，减小曝光值则可以制造剪影效果，如图2-7所示。如果既想得到低曝光程度的背景，又想展现前景，那该怎么办呢？这时就需要用到 HDR 或者 RAW 技术了，后面会讲到，这里暂且不提。

—
图 2-7 高曝光程度（左）与低曝光程度（右）的画面对比

在 P 挡下，一般手动控制曝光值和感光度，相机会自动设置合适的快门速度和光圈值。

2. A 挡

A 挡，即光圈优先自动曝光模式（Aperture Priority Automatic Exposure Mode）。在拍摄日转夜这类延时视频时通常会用到 A 挡。

在此模式下，需要手动设置光圈值，相机会根据光圈值自动设置快门速度。

摄影贴士

"××优先"表示"××"为手动设置的参数，其他参数的设置则交由相机来完成。

观察图 2-8，这两张图有什么明显的区别呢？

在图 2-8 中，左图的光圈值为 F3.5，右图的光圈值为 F5.0。左图的光圈值更小，但光圈更大。

—
图2-8 不同景深的效果对比

要认识光圈，首先需要了解景深（Depth of Field，DOF）的概念。

在图2-8中，左图的虚化程度更高，景深也更浅。在其他参数相同的条件下，光圈越大，画面景深就越浅，虚化程度就越高。

浅景深能够突出被摄主体，使画面表达有侧重点。换一种说法是，浅景深可以使画面"更清晰""更有电影感"。现实中，一些剧组因为预算不足，无法拍出精美的画面背景，因而使用更大的光圈，将背景虚化。虽然这是影视行业中一种常见的操作手法，但不得不承认，大光圈确实可以在一定程度上提升画面的美感。

景深与光圈、焦距和物距都有关。

其中，光圈控制设备的进光口径。光圈越大，透进设备的光就越多，画面会更加明亮。为了减少噪点，可以降低感光度，选择更大的光圈。

此外，更长的焦距和更近的物距也可以营造出更浅的景深。

在图2-9中，左图的光圈值为F4.5，右图的光圈值为F5.6，但右图拥有更长的焦距，因此它们的虚化程度基本相同。

图2-9 不同光圈值和不同焦距的画面虚化程度对比

因此，为了达到更好的虚化效果，可以使用更大的光圈或更长的焦距。

摄影贴士

在夜晚或其他暗光环境中拍摄时，光圈显得格外重要。因为每提升一挡光圈，都会在物理层面上为拍摄对象提供更大的曝光值。

但光圈太大也不一定是好事。由于景深太浅，在拍摄运动中的对象的时候，很可能会出现失焦，或者背景被"虚"掉的情况。

例如，在电影《比利·林恩的中场战事》中，为了展现人物前景和整个大背景，整个剧组在体育馆架设了大量灯光。这是因为电影需要弱虚化效果、深景深的画面，所以就需要更小的光圈，而要想使用更小的光圈，就需要架设更多且更亮的灯光。

3. S/Tv 挡

S/Tv 挡，即快门优先自动曝光模式（Shutter Priority Automatic Exposure Mode）。

在此模式下，需要手动设置快门速度，相机会根据快门速度值自动设置光圈值。在摄影中，通常使用 S 挡拍摄高速运动的物体。

在其他参数相同的条件下，快门速度越慢，画面的亮度就越高，物体的运动速度仿佛就越"快"，如图 2-10 所示。

图2-10 使用慢速快门（左）和高速快门（右）拍摄的高速行驶的汽车效果对比

图 2-11 左下角的"1/2000"代表快门速度为 1/2000 秒，相机会在快门被按下后的 0.0005 秒内记录下画面。

图2-11 快门速度为 1/2000 秒

在其他参数相同的情况下，快门速度越快，进光量就越少，画面就会越暗。如果降低快门速度，记录时间从千分之几秒延长到 1 秒，甚至 30 秒，相机就会持续曝光，接收记录时间内所有的光信号。在拍摄肉眼难以看清的场景时，如拍摄星轨（见图 2-12），长曝光便发挥了慢速快门的优势。

图2-12 使用慢速快门拍摄的照片

用手机在夜景模式下拍摄时，会看到内容为"1秒"的提示——提醒我们尽量让手机保持静止状态，如图 2-13 所示。

拍摄夜景时，使用慢速快门（长曝光）是为了增加进光量，提高画面的亮度。拍摄黑漆漆的街道时，长曝光能使拍摄效果与白天拍摄的效果相差无几。

早期在暗光环境下拍摄时，手机会自动增加感光度来提高画面的亮度，这样拍摄出的画面噪点特别多。

图 2-13　在手机静止的状态下拍摄

摄影贴士

用手机在夜景模式下拍摄时，为什么手机相机会提醒我们"保持静止"呢？因为在快门被按下的过程中，手机相机会持续地接收光信号，这时任何物体的移动都会被记录下来。在记录时间内抖动手机所形成的画面效果如图 2-14 所示。

图 2-14　在记录时间内抖动手机所形成的画面效果

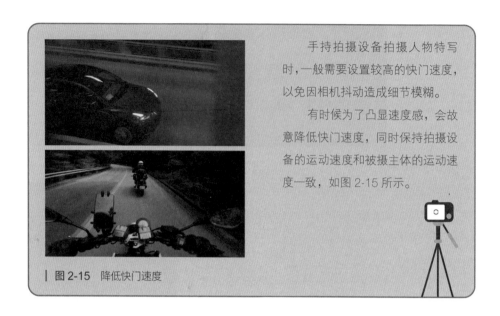

图 2-15 降低快门速度

手持拍摄设备拍摄人物特写时，一般需要设置较高的快门速度，以免因相机抖动造成细节模糊。

有时候为了凸显速度感，会故意降低快门速度，同时保持拍摄设备的运动速度和被摄主体的运动速度一致，如图 2-15 所示。

在视频拍摄中，如果以 25 帧 / 秒的速度进行记录，则代表每秒记录 25 帧图像，记录速度应为 1/25 秒。通常情况下，我们应将快门速度调整为该速度的一半，也就是 1/50 秒。

同理，当我们以 100 帧 / 秒的速度拍摄视频时，应将快门速度调整为 1/200 秒。

4. M 挡

M 挡，即手动曝光模式（Manual Exposure Mode）。

在此模式下，快门速度和光圈值都需要手动设置，若同时设置了感光度，则曝光值调节功能会被禁用。在视频创作中，M 挡通常是使用频率最高的模式。在使用 M 挡之前，需要尝试在不同的光照环境下进行拍摄，以确定不同的环境所适用的快门速度、光圈值和感光度。

下面来看一个关于调整参数的例子。在光照条件好的地方进行拍摄，首先可以将感光度调整为尽可能小的值，如 ISO 100~ISO 200。

图 2-16 中第 1 张图的光圈值为 F4.0，画面严重过曝。这时我们需要把光圈缩小，直到画面曝光正常，如图 2-16 中的第 2 张图所示。

现在光圈变小了，画面的景深却变深了，如果我们想要营造浅景深，该怎么办呢？

上面提到过，大光圈可以营造出浅景深。将光圈值再调整为一个比较小的值，此时画面会再次过曝，这时可以提高快门速度，如将快门速度调整为 1/800 秒，画面就曝光正常了，如图 2-16 中的第 3 张图所示。

| 图 2-16 调整拍摄参数

使用 M 挡的好处在于可以灵活调整参数。感光度过高是否会产生噪点？景深会不会因为光圈过小而变深？物体在运动时是否会因为快门速度较慢而产生拖影？这些参数都需要提前设置好。

摄影贴士

在实际拍摄中，我们很难对画面是否过曝进行准确的判断，这时就需要借助一个工具——直方图。在相机界面可以调出直方图，如图 2-17 所示。

直方图的横轴表示亮度，纵轴表示此亮度下像素的多少，如图 2-18 所示。

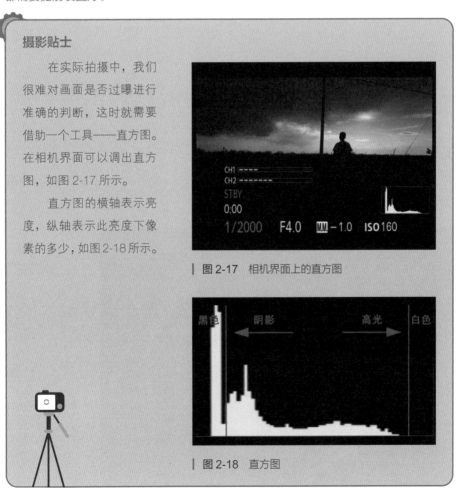

| 图 2-17 相机界面上的直方图

| 图 2-18 直方图

在图 2-19 中，在第 1 张欠曝照片的直方图上，像素主要集中在暗部区域；在第 2 张过曝照片的直方图上，像素主要集中在亮部区域；在第 3 张照片的直方图上，像素主要集中在中间区域，表示这张照片曝光正常。不过，如果你想制作剪影效果或"小清新"风格的视频，那么可以不以直方图为判断依据。

图 2-19　直方图对比

2.1.2　用光三要素

光圈值、快门速度和感光度 3 个参数会相互影响，并共同决定影像质量。上一小节已经简单地介绍了它们的作用，本小节主要对这 3 个参数进行更加深入的讲解。

1. 光圈

光圈（Aperture）是相机镜头中改变通光孔径的大小、调节进光量的装置，如图 2-20 所示。

图 2-20　光圈

镜头上通常会标注最大光圈值和焦段，图 2-21 中的"28-70"是指该镜头可以在 28mm 到 70mm 的范围内进行变焦，"3.5-5.6"是指该镜头的最大光圈值范围为 F3.5 到 F5.6。

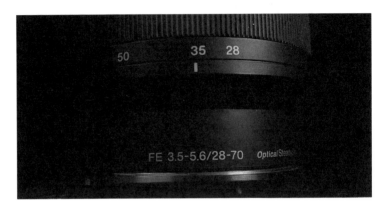

图 2-21　镜头的最大光圈值和焦段

在变焦的过程中，最大光圈值会按照公式进行相应的调整。在 35mm 的焦距下，最大光圈值可达 F4.0；但在 70mm 的焦距下，最大光圈值只能达到 F5.6，如图 2-22 所示。

图 2-22　最大光圈值随焦距的变化而变化

摄影贴士

光圈并不都用"F"来表示。在电影镜头里，光圈用"T"来表示，这样可以更为精准地反映进光量的多少，以保证使用不同焦距的镜头拍摄的画面能有一致的亮度。

前面提到过，光圈值会影响景深。景深越浅，物体距离相机就越近。在极端情况下，物体距离相机可能只有几毫米。浅景深与深景深画面对比如图 2-23 所示。

图2-23 浅景深（左）与深景深（右）画面对比

2. 快门速度

快门（Shutter）是相机中控制感光元件有效曝光时间的装置。快门速度可以由 30 秒调整为 1/8000 秒，有的甚至可以达到 1/160000 秒。

在视频拍摄中，单反相机都是由电子快门（Electronic Shutter）按从上到下扫描的方式来记录画面的，像素信息逐行刷新。隔行扫描与逐行扫描的效果如图 2-24 所示。

图 2-24 隔行扫描与逐行扫描的效果

电子快门可以达到更改后的帧速率，但这样做的弊端是会产生果冻效应——如果快门速度跟不上像素运动速度，那么画面就会扭曲，如图 2-25 所示。在采用甩镜头的方式进行拍摄时就有可能出现这种情况。

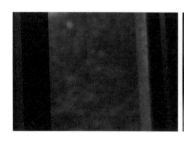

图 2-25 果冻效应

而像 ALEXA、RED 这样的专业电影机通常使用的是全域快门（Global Shutter），也就是一次性让所有感光元件曝光，这样可避免产生果冻效应。

3. 感光度

在数码摄影时代，感光度表示感光元件对光线的敏感程度。

提到感光度，大多数人就会想到噪点。

在快门速度、光圈值和感光度相同的情况下，分别使用数码相机和手机相机拍照，得到的照片如图 2-26 所示。

图2-26　使用数码相机（左）和手机相机（右）拍摄的夜景效果对比

放大这两张照片的局部，可以看到使用手机相机拍摄的画面中，阴影部分的树叶已经丢失了细节。这是因为用手机相机拍摄的照片通常会产生更多的噪点，而厂商为了尽可能多地消除噪点，就对细节进行了涂抹，局部放大后的照片如图 2-27 所示。

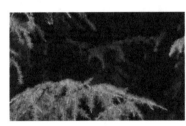

图2-27　使用数码相机（左）和手机相机（右）拍摄的夜景效果对比（放大后）

同等条件下，为什么使用手机相机拍摄的画面杂色会更多呢？

在图 2-28 中，左图是手机镜头的感光元件，右图是一台全画幅相机镜头的感光元件。传感器越大，所接收的光信号就越多，信噪比控制得就越好。

图2-28　手机镜头（左）和相机镜头（右）的感光元件

2.1.3 色温与白平衡

色温（Color Temperature）是表示光线中包含颜色成分的一个计量单位。色温的单位是 K（开尔文），不同的色温对应颜色不同的冷暖程度，如图 2-29 所示。

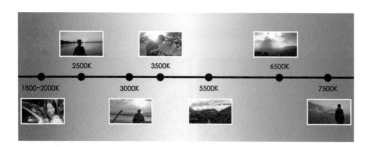

图 2-29 色温

设置不同的色温可以让画面呈现出不同的冷暖效果，如图 2-30 所示。

图2-30 色温5800K 与 3000K 的画面效果对比

不同的环境对应不同的色温。相机需要根据环境的不同，对色温做出相应的调整。而这需要一个衡量的标准——白平衡，它能够校正色温。

白平衡（White Balance）让相机无论在何种光源下，都能将白色物体还原为白色。

在相机的"白平衡模式"中选择不同的预设，可以使白纸呈现出不同的冷暖效果，如图 2-31 所示。

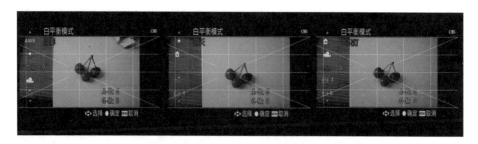

图 2-31 不同色温下的白纸

图 2-32 中的白纸呈现的颜色是最符合实际观感的颜色。在大多数情况下，我们会将相机的"白平衡模式"设置为"自动"，这样拍摄出的画面会更真实。

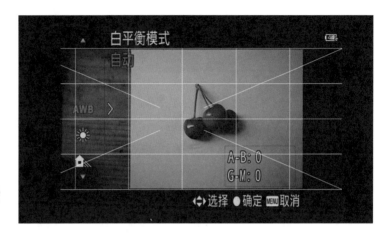

图2-32 将相机的"白平衡模式"设置为"自动"

有时候制作团队为了统一设备之间的规格标准，会提前统一色温。例如，制作团队在日光外景下拍摄时，会统一设定色温为 5500K。这样在后期统一素材时，部分素材就不会出现色温偏差了。

视频创作者为了拍摄出风格化效果，可能会在前期拍摄一组气氛温暖的场景时，故意将"白平衡模式"设置为"钨丝灯"，这样拍出来的画面就会"暖"很多，如图 2-33 所示。

图2-33 实际拍摄效果与风格化效果

2.1.4 焦距与镜头

在图 2-34 中，对于相同的场景，左图的坡看上去十分陡峭，右图却截然不同，这就是不同焦距带来的不同的画面效果。

我们在观察物体时会发现，近距离的物体看起来较大，远距离的物体看起来较小，这是透视带来的效果。

图 2-34　使用不同焦距拍摄的照片

在图2-35中，在使用广角镜头拍摄时，距离镜头越近的物体会显得越大，距离镜头越远的物体会显得越小；在使用长焦镜头拍摄时，被摄主体与背景的距离便不会显得很大。

图 2-35　长焦镜头（右）相比广角镜头（左）更能压缩背景与被摄主体之间的距离

镜头可以分为两类：变焦镜头和定焦镜头。

变焦镜头是指焦距可以在一定范围内变化的镜头，如 12-24mm、24-70mm、70-200mm 的镜头等。

定焦镜头是指焦距无法改变的镜头，如 35mm、55mm、85mm 的镜头等。

使用变焦镜头的好处是能够快速应对多种场景的拍摄需要，不用专门换镜头就可以拍摄不同景别；而使用定焦镜头的好处是不需要处理复杂的变焦结构，通常定焦镜头可以提供更大的光圈，且更加轻便。在暗光环境下，镜头的光圈越大，拍出的虚化效果越细腻，不需要高感光度和慢速快门也能拍摄出质量很好的画面，如图 2-36 所示。

❘ **图 2-36**　大光圈镜头下的夜景

镜头还可以分为鱼眼镜头、广角镜头、标准镜头、中焦镜头和长焦镜头等。镜头的不同焦段如图 2-37 所示。

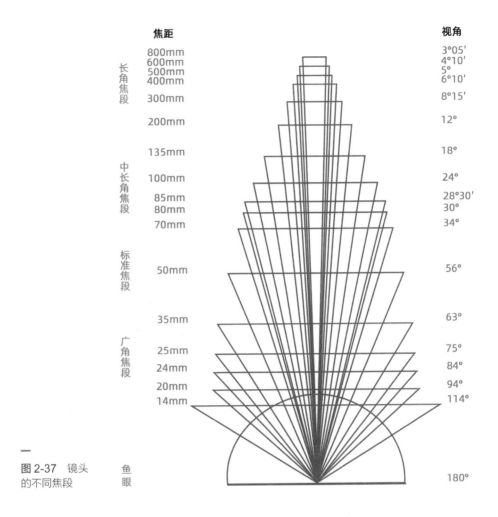

焦距　　　　　　　　　　　　　　　　　　　视角

长角焦段	800mm	3°05′
600mm	4°10′
500mm	5°
400mm	6°10′
300mm	8°15′
200mm	12°

中长角焦段　135mm　18°
100mm　24°
85mm　28°30′
80mm　30°
70mm　34°

标准焦段　50mm　56°

广角焦段　35mm　63°
25mm　75°
24mm　84°
20mm　94°
14mm　114°

鱼眼　180°

图 2-37　镜头的不同焦段

焦距小于等于 35mm、大于 15mm 的镜头称为广角镜头（或短焦镜头）；焦距为 50mm 的镜头称为标准镜头，它作为标准镜头的原因是它提供的透视感最接近人眼直接获得的透视感；焦距在 50mm 以上的镜头则称为中焦镜头或者长焦镜头。

在其他参数相同的条件下，焦距越短，相机所能呈现的视角就越大，景深也越深，如图 2-38 所示。

图 2-38　广角镜头（左）与长焦镜头（右）成像效果对比

在长焦镜头下，前后景会传达出极强的压缩感，如太阳会显得很大，后景中的物体会显得离镜头很近等。在影像创作中，运用好这一点能更好地进行画面表达，效果如图 2-39 所示。

图2-39 利用长焦镜头的特性进行创作

在图 2-40 中，左图是使用 35mm 焦距的镜头拍摄的画面，右图是使用 70mm 焦距的镜头拍摄的画面，可见右图中的被摄主体与背景的距离更近了；如果用 200mm 焦距的镜头拍摄，后面的大厦仿佛就在人物旁边。使用长焦镜头时，需要到离被摄主体更远的地方设置相机，同时还要牺牲大部分的视角，具体情况需要具体分析。

图2-40 使用不同焦距拍摄的照片

相同焦距的镜头在感光元件尺寸不同的相机上，成像的视角也相异，因此在选择镜头的时候，还要考虑机身对画面的影响。

55mm 焦距的镜头，在全画幅相机上可以呈现出约 50° 的画面视角，而在半画幅相机上只能呈现出约 30° 的画面视角，与 75mm 焦距的镜头在全画幅相机上所能呈现的画面视角一样，如图 2-41 所示。值得注意的是，相对于全画幅相机来说，半画幅相机所呈现的画面内容的减少只是视觉上内容的减少，即便它在内容呈现上和搭配焦距更长的镜头的全画幅相机是一致的，后者所营造的压缩感和景深效果也是半画幅相机难以呈现出来的。

图 2-41　不同画幅决定的成像视角

假设全画幅相机的焦距转换系数为 1，一个 28mm 焦距的镜头，在全画幅相机上，焦距是 28mm；在松下 3/4 画幅相机上，焦距则是 28mm×2=56mm。不同品牌相机的画幅与焦距转换系数如表 2-1 所示。

表 2-1　不同品牌相机的画幅与焦距转换系数

品牌	画幅	焦距转换系数
尼康	半画幅	1.5
索尼	半画幅	1.5
佳能	半画幅	1.6
松下	3/4 画幅	2

2.1.5　对焦

对焦（Focus）也叫对光和聚焦。通过相机的对焦结构调整焦距，使被摄主体成像清晰的过程就是对焦。

对焦是一项异常烦琐的工作，即便近些年相继出现了眼球追踪、人像追踪、3D 跟焦模块等各种各样的追焦技术，但这些技术还是不够完美。

对焦点位置的不同可以让画面中"被虚化"的部分呈现出不同的效果，如图 2-42 所示。

图 2-42　不同的对焦点位置

景深越深，画面的虚化程度就越低。为了加深画面景深，可以采用缩小光圈、提高感光度或降低快门速度的方法，以保证所有物体都成像清晰，如图 2-43 所示。

图 2-43 更小的光圈可以加深景深

但很多时候，为了让画面更精美，需要更浅的景深，也就是提高画面的虚化程度。在这种情况下，就需要保证被摄主体始终在对焦点上。

拍摄视频时，被摄主体和相机都会运动，对焦就会变得异常困难，但也有相应的解决办法。

在相机的菜单里调出"对焦模式"，可以看到 AF-S、AF-A、AF-C、DMF 和 MF 几种模式，如图 2-44 所示。在视频拍摄中通常只会用到 AF-C（连续自动对焦）和 MF（手动对焦）模式。

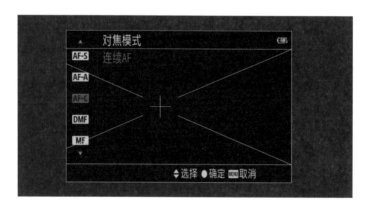

图 2-44 对焦模式

1. 自动对焦

在连续自动对焦模式下，相机会依据对焦区域判断需要对焦的物体是哪一个。

根据对焦区域的不同，自动对焦模式可分为点对焦、区域对焦、中间对焦和广域对焦等模式。在一些触屏相机上，大家可以像用手机拍照一样，点击屏幕上需要对焦的物体，相机便会自动进行对焦。但笔者不建议大家这样操作，因为在大部分情况下，相机和物体都是运动的，若使用点对焦模式，画面有可能出现失焦的情况。

区域对焦则是将满屏的对焦点大体分为几个区域，相机会根据划分的几个区域，在区域内自动对焦。和点对焦一样，区域对焦也需要手动将对焦区域移动到某个位置，如图 2-45 所示。

图 2-45　区域对焦

在中间对焦模式下，相机会依据距离镜头最近的物体和画面中间的物体优先的原则来自动进行对焦，如图 2-46 所示。

图 2-46　中间对焦

广域对焦是拍摄时比较常用的模式，因为它更加准确、智能和高效，在这种模式下，相机可以对整个画面进行对焦，如图 2-47 所示。

图 2-47　广域对焦

2. 手动对焦

我们可以在相机内设置一个快捷键，如设置左方向键为手动 / 自动对焦模式的快速切换键。在广域对焦模式下，将镜头对准被摄主体并半按快门进行对焦，随后按左方向键，就可以切换为手动对焦模式了。只要被摄主体和相机在 z 轴上的位置不发生变化，无论相机在 x、y 轴所形成的平面上如何移动，画面中出现多少干扰物体，对焦点都会保持不变。

自动对焦模式并不是万能的，在不少情况下，需要我们自行将对焦模式调整为手动对焦模式，并手动调整镜头上的对焦环，才能保证被摄主体长时间位于对焦点上，不然可能出现对焦出错的情况，如图 2-48 所示。

图 2-48 自动对焦出错

在图 2-49 中，放大画面后发现被摄主体处于虚焦状态。但在拍摄时，可能由于相机的屏幕太小，没注意到此问题。在这种情况下，后期也无法弥补。

图 2-49 被摄主体处于虚焦状态

为了尽可能地避免这类问题的出现，可以采取以下两种方法。第一，可以将相机连接图传设备，或直接连接更大的监视器，实时观察被摄主体是否一直位于对焦点上；第二，可以在相机的"峰值设定"中选择"峰值显示"，如图 2-50 所示。

图 2-50 选择"峰值显示"

选择"峰值显示"后，被摄主体的边缘会被标记，如图 2-51 所示。这样可以避免失焦。

图2-51　边缘被标记的被摄主体

对于短视频创作而言，大多数短视频都在"动"——相机在运动，被摄主体也在运动。在影视剧拍摄中，通常会有跟焦员根据演员的走位精准地测量物距，以此来保证被摄主体每一秒都在对焦点上。但短视频创作一般不需要如此兴师动众，在选好合适的对焦区域后，剩下的对焦工作交给相机完成即可。

在理想情况下，大多数被摄主体都会在对焦点上。但遇到光圈过大、运动过快、光线较弱等情况时，拍摄效果可能就不尽如人意了。索尼 A7SIII 的眼球追踪功能基本可以对人物的大部分运动实现追踪；大疆的 3D 跟焦模块通过 3D 感知系统，结合相机输出的 HDMI 信号，也可以满足大部分场景的拍摄需要。

技术一直在革新，相信在不久的将来，自动对焦技术会越来越好，以便短视频创作者能够专注于创作本身。

2.2 构图与画面

镜头是相机用来捕捉某个特定动作或事件携带的视觉信息的工具。本节重点讲解构图与画面的相关知识。同时，大家可以结合 2.1 节的知识进行实践。

2.2.1 构图

在拍摄前，首先要搞清楚被摄主体是谁，以及镜头究竟在拍什么。

构图是拍摄的基础，精致的画面一定有着巧妙的构图。构图的重点在于如何表现被摄主体，而非如何摆放物体。首先要明确谁是被摄主体，然后再思考如何更好地表现被摄主体。

黄金分割（Golden Section）是指将整体分为两个部分，较大部分与整体的比值等于较小部分与较大部分的比值，比值约为 0.618。遵循这一规则的构图通常被认为是和谐的。接下来介绍的几种构图方法都是从黄金分割演变而来的。

1. 九宫格构图

无论使用专业的相机还是普通的手机，在拍摄时都可以使用一种经典的构图方法——九宫格构图。九宫格构图几乎是每本讲解摄影基础的书都会提到的构图方法，也是每个摄影师的必修课。

黄金分割可以近似地视为三等分分割，将画面分别在水平和垂直方向上等分成三份，形成一个九宫格，两条横线和两条竖线交叉得到的四个点即为黄金分割点，如图 2-52 所示。

图2-52　黄金分割点

在不少优秀的摄影作品中，其被摄主体都位于黄金分割点上，如图 2-53 所示。

图 2-53　被摄主体位于黄金分割点上

被摄主体位于黄金分割点上，与位于画面中央相比，可使画面更具冲击力，如图 2-54 所示。

图 2-54 被摄主体在不同位置时的效果对比

当然，也不是每一处场景都适合采用九宫格构图。在表现庄重、大气或严肃的场景时，可以将被摄主体放在画面中央。

2. 三分法构图

三分法构图是由九宫格构图衍生出的一种构图方法。

如果将九宫格构图中的两条竖线去掉，画面在水平方向上就被等分成三份，这就属于三分法构图，如图 2-55 所示。如果去掉九宫格构图中的两条横线，画面在垂直方向上就被等分成三份，这也属于三分法构图。

图2-55 三分法构图

在拍摄剧情画面时，利用三分法构图能更好地表达情绪。如果画面中有两个被摄主体，那么可以让一个被摄主体占据上方的三分线，另一个被摄主体占据下方的三分线，这样画面就会显得更具"力量"。

在人物的头顶上方留白，画面会让人感到更加舒缓、放松，如图 2-56 所示。相反，如果缩短人物头顶到画面边缘的距离，画面就会让人感到压抑、紧张。

图 2-56 头顶留白

比较图 2-57 中的两张图片，我们可以明显感觉到，对视线投射方向的画面做留白处理，更符合人眼观察的习惯，以及视觉语言的逻辑性。

图 2-57 视线留白

直面拍摄可以更好地展现场景，如图 2-58 所示。

图 2-58 直面拍摄

过肩拍摄是各种影视作品中常用的拍摄手法，俗称"正反打"。它是指在拍摄两人对话的场景时，相机在拍摄其中一人的同时，捎带拍摄另一人的肩部和头部，如图 2-59 所示。这样可以更好地表现人物之间的关系或渲染气氛。

图 2-59 过肩拍摄

2.2.2　宽高比

相机画幅的宽度与高度之比叫作宽高比（Aspect Ratio）。以手机为例，横屏拍摄时的画面宽高比通常是 16：9，竖屏拍摄时的画面宽高比通常是 9：16。

用手机观看视频时，屏幕的左右两侧会出现黑边，这是因为目前绝大多数手机屏幕的长宽比都是 18：9（或 2：1），而视频画面的宽高比多为 16：9，画面宽高比为 16：9 和 2：1 的视频在屏幕的长宽比为 18：9 的手机上的显示效果对比如图 2-60 所示。

图 2-60　画面宽高比为 16：9（左）和 2：1（右）的视频在屏幕的长宽比为 18：9 的手机上的显示效果对比

我们在观看部分电影时，屏幕上下两侧会出现黑边。这是因为很多电影是采用 2.40：1 的比例拍摄的，在宽高比为 16：9 的屏幕上播放这类电影时，画面大小无法完全适应屏幕。

值得一提的是，很多短视频创作者会在比例为 16：9 的画面基础上专门在上下添加黑边，以营造"电影感"，如图 2-61 所示。

图 2-61　在上下添加黑边的效果

当然，这种做法也存在一些争议。有人认为此举会减少画面的信息量，浪费相机的画幅；也有人认为这样做可以在后期重新构图时，为画面留出更多的修改空间，如图 2-62 所示。

图 2-62　通过裁剪来重新构图

2.2.3 景别

在影像创作中，景别（Shots）是指在焦距一定时，相机与被摄主体的距离不同，造成被摄主体在画面中呈现出的范围大小的区别。

常见的景别有 3 种：中景、特写和远景。

图 2-63 所示的 3 张图分别代表了中景、特写和远景。

▌ **图 2-63** 中景、特写和远景

其中，中景（Medium Shot，MS）是绝大多数剧情类短视频中常见的景别；特写（Close Shot，CS）有时被称为近景，在相当多的美食类短视频中，特写主要用来表现食物的细节，也可用来表达人物的情绪；远景（Long Shot，LS）则通常用于表现环境。

图 2-64 展示了上述 3 种基本景别及其衍生景别。

▌ **图 2-64** 大远景、中远景、中近景、大特写（从左往右、从上往下）

2.2.4 银幕方向与轴线

保证一组镜头衔接流畅十分有必要。简单来说，银幕方向是指场景中被摄主体的朝向——左或者右。不少短视频创作者在创作时忽视了银幕方向，导致画面的衔接较为突兀。

例如，在图 2-65 中，第 1 张图中的人物 A 在从左往右运动，第 2 张图中的人物 B 也在从左往右运动，最后在第 3 张图中她们相遇了。这样安排画面似乎并没有什么问题，并且对两人的相遇也进行了简单的交代。但是，人物 B 在第 2 张图中是朝向画面右侧的，在第 3 张图中却朝向画面左侧，这样就会显得比较突兀。

 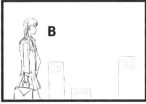 

图 2-65　银幕方向示例

对第 2 张图的银幕方向稍做调整，如图 2-66 所示，现在这组画面是不是顺畅多了。

图 2-66　银幕方向示例（调整后）

上例体现了银幕方向的重要性。每当我们想要改变银幕方向时，都需要思考镜头衔接是否合理，是否符合逻辑。

建立起运动的方向感后，我们再去思考如何改变银幕方向。如果突然逆转银幕方向，而没有完成画面与动作的顺畅衔接，观众就会感到困惑，在视觉体验上就会很不"舒服"。常见的银幕方向如图 2-67 所示。

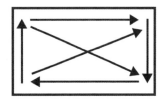

图 2-67　常见的银幕方向

如果人物正在从左往右运动，但接下来的场景必须要求该人物从右往左运动，那应该怎么办呢？

我们可以加入该人物在街角处拐弯的镜头，让观众建立起新的方向感，这样画面的衔接就比较顺畅了，如图 2-68 所示。

图 2-68　建立新的银幕方向

在影视画面中存在许许多多的轴线，场景轴线就是其中的一种，这里重点对其进行讲解。

在图 2-69 中，人物 A 与人物 B 正在谈话，可以先在人物间建立一条场景轴线，然后以这条轴线的中点为圆心，在轴线的一侧画一段圆弧，相机就在此圆弧上运转。

在人物 A 与人物 B 交谈的时候，相机可以在图 2-69 所示的 3 个机位进行拍摄。

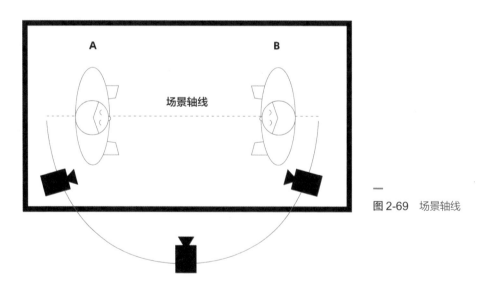

图 2-69　场景轴线

当拍摄人物 A 时，画面右侧带部分人物 B 的轮廓或留白，同时人物 A 应该看向右侧；同理，当拍摄人物 B 时，画面左侧带部分人物 A 的轮廓或留白，同时人物 B 应该看向左侧，如图 2-70 所示。

图2-70　人物B看向
左侧

一旦建立好场景轴线和场景轴线一侧的圆弧，就不要轻易地越过场景轴线到另一侧去拍摄。越过场景轴线到另一侧去拍摄叫作越轴。在拍摄时，需要注意避免越轴。

在图 2-71 的左图中，观察者 C 在场景轴线一侧随意移动，可以观察到图 2-71 的右图和图 2-72 所示的 3 个画面，如果把它们剪辑在一起，形成短视频，观众就不会觉得很突兀。

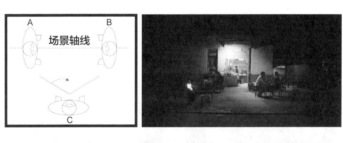

图2-71　C视角拍摄

图2-72　A、B视角
拍摄

但如果观察者 C 到场景轴线的另一侧去拍摄被摄主体，再将拍摄的画面剪辑到短视频中，就会出现越轴现象，画面就会给人一种"跳跃感"。

为了表现出紧张的氛围，镜头可能需要快速剪接或者越轴。如果直接剪接场景轴线另一侧的画面会让观众感到困惑，尤其是在短视频节奏相当快的情况下。图 2-73 B组的第 3 张图巧妙地运用了相机的运动，将整个画面带到了场景轴线的另一侧，这时，再剪接图 2-73 B组的第 4 张图，画面的衔接就会很顺畅。

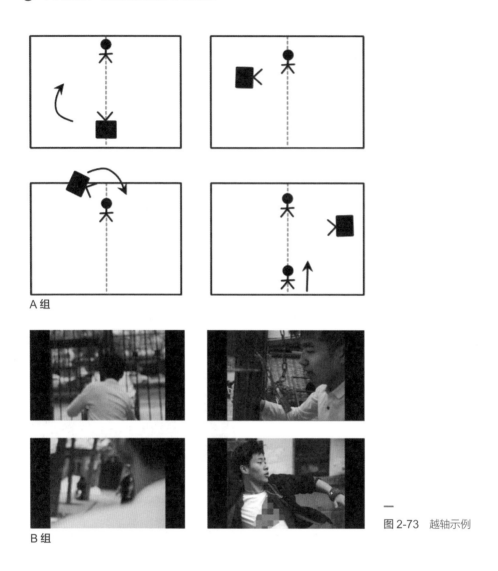

图 2-73　越轴示例

2.3 · 摄像参数

了解了镜头与画面的相关知识后，我们再来了解一下与摄像参数有关的知识。

2.3.1 分辨率

分辨率是指画面中横、纵向的像素数。例如，1920px×1080px 就是指该画面中，横向（宽）有 1920 个像素，纵向（高）有 1080 个像素，这一分辨率通常称为 1080P。

摄影贴士

1080P 中的 "P"，表示逐行扫描（Progressive Scanning）。由于设备从上到下依次扫描，因此以纵向像素数作为前缀。与之对应的还有 1080I。1080I 中的 "I"，表示隔行扫描（Interlaced Scanning），即设备从上到下交错扫描。随着显示设备的迭代更新，1080P 成了主流。

国内不少流媒体平台把 480P 的视频称为高清视频，720P 的视频称为超清视频，1080P 的视频称为蓝光视频。这样的分类是不正确的，各分辨率的清晰度定义如表 2-2 所示。

表 2-2　各分辨率的清晰度定义

分辨率	简称	清晰度定义
720px×480px	480P	标清
1080px×720px	720P	高清（HD）
1920px×1080px	1080P	全高清（full HD）
2160px×1920px	2K	超清
3840px×2160px	4K	超清

摄影贴士

4K 的分辨率也可以是 4096px×3112px。

如今，短视频拍摄几乎都以 1080P 的分辨率起步，不少短视频创作者使用 4K 甚至更高的分辨率进行创作。有人可能会产生疑问：观众使用的显示设备的分辨率和平台的压缩标准几乎都是 1080P，拍摄 4K 视频又有什么优势呢？

首先，分辨率更高的视频在后期重新构图时具有更大的优势。本书第 3 章会对这一点进行详细的介绍。

其次，在高分辨率的画面转换为低分辨率的画面后画面会拥有更多细节。此外，将 4K 素材输出为 1080P 的素材，素材的可塑性将更高。

当然，拍摄 4K 素材的要求也很高，一是对存储容量的大小要求很高，因为单条 4K 素材的大小是 1080P 素材大小的数倍，所以 4K 素材会占用更多的存储空间；二是在后期剪辑时，对计算机的性能要求更高。

2.3.2　帧速率

使用 iPhone 手机拍摄视频时，除了上面提到的分辨率，屏幕左上角还有一个数字"60"，这就是帧速率，如图 2-74 所示。

图 2-74　屏幕左上角的"60"表示画面的帧速率为 60 帧 / 秒

"1080P 60"中的"60"表示帧速率为 60 帧 / 秒，即每秒显示 60 个画面，一个画面为一帧。帧速率越高，视频就越流畅，越具有真实感。高帧速率也需要显示设备的支持，市面上 120Hz 的屏幕刷新率可以更好地表现 120 帧 / 秒的视频。

我们在拍摄时可以选择 HD/4K，再在"记录设置"中选择对应的帧速率和码率。其中，25p、50p 和 100p 分别指 25 帧 / 秒、50 帧 / 秒和 100 帧 / 秒，如图 2-75 所示。

图 2-75　选择对应的帧速率和码率

2.3.3　码率

在帧速率的后面还有一组数字：25M、50M 和 100M 等，这组数字表示码率。

视频码率通常以 kbit/s（千比特每秒）为单位，表示视频每秒的数据量大小。在分辨率相同的情况下，码率越高，画面越清晰，如图 2-76 所示。

▎**图 2-76**　不同码率下的画质表现

摄影贴士

　　码率的常用单位其实不光有 kbit/s，还有 Mbit/s 等，1Mbit/s=1024kbit/s，50Mbit/s=50×1024kbit/s。按照 50Mbit/s 的数据量进行计算，一段 10 秒的视频理论上要占用 50Mbit/s×10s=500Mbit（即 62.5MB）的存储空间。

　　在拍摄时，一般依据存储空间的大小，尽可能地满足高码率视频的拍摄要求。

2.3.4　编码方式与封装格式

拍摄视频时，可以选择 MP4 和 MOV 等视频格式，以及 H.264 和 Apple ProRes 等编码方式，那么这些参数分别表示什么呢？

打个比方，现在有一定数量的物品，需要将它们正好塞满一个箱子。其中，物品的排列方式是编码方式，箱子外层的包装形式则是封装格式。".MP4"".MOV"这些视频文件的扩展名只能让计算机判断这是一个视频文件，从而为你打开对应的视频播放器。打开视频播放器后，视频播放器需要对此视频文件的内容进行解码，此时需要用到解码器。在播放视频时，有时会遇到图 2-77 所示的情况。

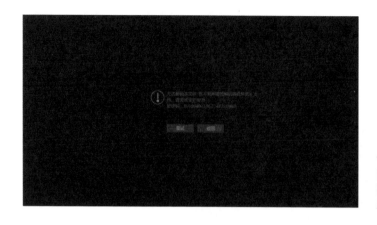

图 2-77　视频播放
器提示需要下载对
应的解码器

短视频的编码方式多为 H.264，格式多为 MP4。在拍摄高分辨率或高码率的短视频时，可能只允许使用 H.265，该编码方式对计算机硬件的要求相当高，但在画质相同的情况下，它能有效减小短视频的大小。

本书第 3 章会对本小节的内容进行更加深入的讲解。

▫ 2.4 ▫ 运镜

运镜指镜头的运动。在拍摄短视频时，要考虑到画面带给观众的直观感受，这就要求短视频创作者在运镜技巧方面下功夫。

本书主要讲解几种常见的运镜方式和实验性镜头。

2.4.1　稳定器

提到运镜，就不得不谈到稳定器。

如果拍摄者手持相机跟拍被摄主体，跟随人物的运动而运动，这样很容易造成画面的抖动或偏移，最终导致成像失败。因此拍摄者需要准备一款稳定器来减少拍摄时相机的晃动。

市面上稳定器的种类，从直杆稳定器、磁力稳定器到斯坦尼康，数不胜数。不过，如今短视频创作者使用较多的稳定器是电子三轴稳定器，如图 2-78 所示。该稳定器可以控制横滚、俯仰和航向 3 种轴向上的运动。需要注意的是，电子三轴稳定器是无法在 z 轴上进行增稳的，也就是说，其在竖直方向上是无法抑制抖动的。当我们在行进中使用它辅助拍摄时，最终的画面有可能上下晃动。

图 2-78　电子三轴
稳定器

为了减少相机在 z 轴方向上的抖动，拍摄者可以加配减震臂，也可以使用平衡车，甚至可以降低身体重心并相应地调整姿势。

2.4.2　常见的运镜方式

刚开始接触短视频的创作者总喜欢追求一些复杂的运镜方式，但此类镜头很容易造成主次关系不明确、运动效果不流畅等问题。常见的运镜方式包括平移、推拉、俯仰与环绕等，这些都是简单、经典的运镜方式。我们应在熟练运用它们以后，再考虑如何进行创新。

在实际拍摄中，我们一定要明白运镜的目的是什么，不要为了运镜而运镜。

1. 平移

平移运镜时，画面仅在 x 轴或 y 轴方向上运动，通常用于跟踪被摄主体，同时交代环境。由于运动形式简单，此类运镜还可以通过后期设置关键帧的方式实现，如图 2-79 所示。

图 2-79　平移跟随

在拍摄平移的画面时，需要将稳定器设置为"云台锁定"模式，如图 2-80 所示，然后水平或垂直移动相机。

图 2-80　云台锁定

这类运镜虽然操作简单，却难以把控。原因有三，一是电子三轴稳定器具有局限性，拍摄者在走动的过程中，画面容易出现上下抖动的情况；二是在跟随被摄主体移动的过程中，相机移动的速度难以与被摄主体行进的速度保持一致，如图 2-81 所示；三是相机全程难以保持匀速运动。

图 2-81　被摄主体行进的速度与相机移动的速度不一致

如果预算充足，想要解决此类问题，可以使用平衡车或手推车等工具，还可以使用轨道，这样可以避免画面上下抖动，但不能让相机保持匀速运动。为了保证相机能够匀速运动，电动滑轨是一个不错的选择，如图 2-82 所示。对设备进行精准控制，可以让拍摄出的画面既"稳"又"匀"。

图 2-82　电动滑轨

2. 推拉

推拉运镜时，画面在 z 轴方向上运动，通常用于交代场景（见图 2-83）或人物，或者带动观众的情绪。

—
图 2-83　通过推拉
运镜交代场景

在拍摄此类镜头时，需要将稳定器切换至"全锁定"模式，然后向前或向后移动相机。与平移运镜一样，若想使画面保持稳定，仍需使用电动滑轨等工具。

镜头从眼睛处拉开至全身，通过眼部特写顺畅地引出接下来的情节，如图 2-84 所示。

图 2-84　通过推拉运镜交代剧情

前后跟随拍摄时，画面在 z 轴方向上运动，如图 2-85 所示。此类运镜不仅可以引出人物背景，还可以从侧面提升影片的艺术感。

—
图 2-85　前后跟随

3. 俯仰与环绕

俯仰或环绕运镜时，画面在 x 轴、y 轴和 z 轴方向上同时运动，通常用于强调被摄主体或烘托情绪。因为拍摄者需要精准地匹配俯仰 / 航向轴转速与移动 / 角速度，所以此类运镜的控制难度较大。图 2-86 所示为俯仰运镜的拍摄效果。

图 2-86　俯仰运镜的拍摄效果

　　在拍摄俯仰镜头时，需要将稳定器设置为"全域跟随"模式，如图 2-87 所示。只有在此模式下，控制相机俯仰运动的俯仰轴才会随着手柄的运动而运动。为了防止人为因素导致的运镜急停等情况的发生，通常将稳定器的跟随速度设置为最慢。

图 2-87　全域跟随

　　将俯仰和推拉运镜结合起来，可以完整地展现大场景，如图 2-88 所示。

图 2-88　俯仰和推拉运镜相结合

　　而在拍摄环绕镜头时，需要将稳定器设置为"平移跟随"模式。在该模式下，俯仰轴会被锁定，而控制相机左右转动的航向轴会随着手柄的旋转而旋转。环绕运镜的拍摄效果如图 2-89 所示。

图 2-89　环绕运镜的拍摄效果

环绕运镜对拍摄者的技术要求很高，如何保证镜头流畅且完整地运动是此类运镜的一大难点。除了手动跟随外，还可以使用一些稳定器提供的智能跟随功能，这样在框选目标物体后，程序便可以自动控制稳定器的航向轴，并始终保持被摄主体居中，如图 2-90所示。

图 2-90　智能跟随

2.4.3　实验性镜头

实验性镜头是指拍摄风格和手法与主流的商业片或纪录片所采用的相异的镜头。由于实验性镜头具有特殊性，因此其优势和劣势都较为明显——可以凭借创新型拍摄手法让观众眼前一亮，升华主题，但滥用不仅难以升华主题，还可能使整部影片失去可看性。

在拍摄此类镜头前，请务必思考使用这样的拍摄手法是否比使用常规的镜头语言好。当然，适当地使用实验性镜头，可以使你的影片更加酷炫。

1. 第一视角

第一视角（Point of View，POV）通常是将相机架在主角头上进行拍摄，观众在观看时会有一种身临其境的感觉。其效果如图 2-91 所示。

图 2-91　电影《硬核亨利》截图

绝大多数剧组在进行第一视角拍摄时使用的都是 GoPro 等运动相机。使用运动相机拍摄的优点在于画面稳定，以及可以使用超广角镜头，而这两点正是第一视角拍摄的必要条件。需要注意的是，在实际拍摄中，要避免演员频繁地扭头——视角的频繁变化会让观众感到眩晕。

使用运动相机拍摄的缺点也同样明显——画面质感差。为了解决此问题，某些摄影师会在眼前架设一台迷你电影机来进行第一视角拍摄。由于电影机一般不具备防抖功能，因此还需要增设稳定设备。这样一来，整个设备的重量将增加，在一定程度上会影响摄影师的正常操作。但为了追求更好的画质，这些都是值得的。

在架设运动相机时，需要选配胸带或头带。若使用胸带，则将运动相机固定在胸前，这样画面的稳定性将提高，同时双手也能呈现在画面中，但缺点是运动相机的高度不足；若使用头带，则将运动相机固定在头部，运动相机的位置正好合适，但其很有可能因为摄影师剧烈地运动而乱晃甚至掉落。

若精力充沛且预算充足，不妨自行准备整套设备。例如，可以将运动相机牢牢地固定在演员颈部，同时在演员眼前放置一台小型监视器，以实时监测画面。

摄影贴士

　　第一视角拍摄手法与常规拍摄手法不同，镜头可能会随着演员头部的转动而扫过整个片场，所以为了避免穿帮，幕后人员需要躲藏在遮挡物后实时监看图传。

第一视角拍摄通常需要一镜到底，这对演员、摄影师和道具师的要求很高。特别是在拍摄枪战类短视频的时候，需要格外注意道具与特效的运用。

目前，大部分第一视角镜头都是为了表现具有冲击力的场景，如枪战、打斗或夸张的故事情节等。在短视频中，使用这类实验性镜头的时间不宜过长，频繁地变换视角和持续时间过长的第一视角会让观众头晕眼花，难以适应。

2. 镜头抖动

人为地制造镜头抖动，可以给观众带来紧张感。摄影师将相机扛在肩上，可能会跟随人物一起上下晃动，也可能在子弹射出的一瞬间抬起相机并迅速切换至下一个画面。在拍摄这类镜头时，需要时刻保持被摄主体在画面中的位置大致不变，其晃动的幅度不宜过大，晃动的次数也不宜过多。镜头抖动的效果如图 2-92 所示。

▌ **图 2-92**　电影《星际穿越》截图

降低快门速度也可以制造出时间快速流逝的效果，以表达一种焦虑或不安感。操作很简单，只需一边手持相机拍摄，一边轻微地晃动相机。当然，也可以使用稳定器拍摄一组前后跟随镜头，然后通过后期设置关键帧的方式增加抖动。这样就规避了在前期拍摄中可能出现的构图模糊的问题。但需要注意的是，使用此类拍摄手法进行拍摄时，前期需要拍摄出分辨率较高的画面，且被摄主体在画面中的占比不宜过大。占比过大的被摄主体容易出画，如图 2-93 所示。

▌ **图 2-93**　占比过大的被摄主体容易出画

摄影贴士

　　在手持相机进行拍摄的时候，如果缺少稳定设备，在跟随人物运动时，画面可能会发生异常抖动。我们要尽量保持画面大致稳定，且保证被摄主体一直处于画面中的某个区域内。

3. 一镜到底

　　一镜到底有时又称长镜头，是指用比较长的时间，对一个场景、一场戏进行连续拍摄，从而形成一个比较完整的镜头段落。在整个拍摄过程中，一镜到底拍摄对剧组各个部门之间的协调性要求非常高。例如，已经拍了 20 分钟的镜头可能因为某个小道具的故障而前功尽弃。

　　一般使用电子三轴稳定器就足以完成此类镜头的拍摄。一些较为专业的剧组会使用斯坦尼康来完成一镜到底拍摄。斯坦尼康可以流畅地切换高低机位，同时减少画面的抖动。

摄影贴士

　　不要为了完成一镜到底拍摄而忽视了摄影的基本要素。在环境变化较大的情况下，要注意曝光的平衡和渐变；在跟拍人物时，要注意对焦点应始终在被摄主体上；在每一个景别中，都要保证画面有合适的构图。

4. 希区柯克变焦

　　推拉变焦因最先出现在希区柯克导演的作品中，所以也被称为希区柯克变焦。拍摄推拉镜头时的运镜路线如图 2-94 所示。

—
图 2-94　拍摄推拉
镜头时的运镜路线

远离被摄主体，其在画面中的占比会逐渐变小，如图 2-95 所示。

图 2-95　远离被摄主体

然后增大焦距，使被摄主体在画面中的占比与之前基本保持一致，如图 2-96 所示。

仔细观察图 2-96 的两个画面，我们可以发现：人物的位置与大小基本保持不变，但周围的背景似乎被"压缩"了。

图 2-96　增大焦距

拍摄时使用变焦镜头，在远离被摄主体的过程中持续增大焦距，使被摄主体在画面中的位置和大小基本保持不变，就完成了镜头的推拉变焦，其效果如图 2-97 所示。

图 2-97　推拉变焦的效果

在推拉变焦镜头中，被摄主体周围的背景持续被"压缩"，如果主体再配合表现出紧张的情绪，则可营造出一种"窒息感"。很多拍摄者也喜欢在航拍作品中使用该手法，以增强作品的创意性，如图 2-98 所示。

图 2-98 用无人机来实现推拉变焦

后期贴士

　　一个人拍摄时，很难在运镜的同时保证焦距和对焦点的平滑变化。所以在很多低成本的推拉变焦拍摄中，短视频创作者都会在前期拍摄出高分辨率的推拉镜头，然后通过后期设置关键帧的方式实现预期效果，如图 2-99 所示。

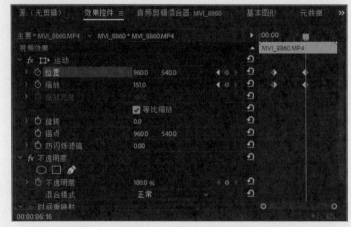

图 2-99 后期处理

2.5 · 画面参数

本节重点讲解画面参数。大家熟悉本节知识后，不仅可以制作出更优质的视频，而且能更流畅和更专业地与同行交流。

2.5.1 色域

仔细研究过相机的人应该都注意到了"色彩空间"选项有 sRGB 和 Adobe RGB，"色彩模式"选项有 BT.2020、709 等，如图 2-100 所示。

图 2-100 色域的相关设置

以上设置都与色域（Color Gamut）相关。

图 2-101 展现了常见的色域标准所涵盖的色彩情况。最通用的色域标准是 sRGB，但它所能表现的色彩没有 DCI-P3 色域标准多。DCI-P3 是电影级制作标准，现在大多数手机屏幕和电影银幕通常都采用这一色域标准。在拍摄设备中，色域标准将决定成像画面的色彩编码。

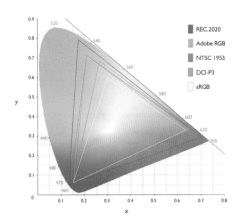

图 2-101 常见的色域标准

更丰富的色彩空间会带来更细腻的颜色过渡，使画面更自然。

摄影贴士

　　sRGB（standard Red Green Blue）是由几家影像巨擘共同开发的一种彩色语言协议。微软联合爱普生、惠普等提供了这种标准方法来定义色彩，让显示器、打印机和扫描仪等各种计算机外部设备或应用软件在色彩方面有一种共通的语言。

　　Rec.709 是 1990 年国际电信联盟指定的高清电视的统一色彩标准，它的色彩空间和用于互联网媒体的 sRGB 色彩空间几乎相同。

　　DCI-P3 是美国电影行业推出的一种广色域标准，也是目前数字电影回放设备的色彩标准之一。它呈现的色域相比 Rec.709 所能呈现的色域大了 25%，主要是绿色和红色的范围更广。

2.5.2 色深

　　在拍摄天空、光线投影等场景时，可能会出现因色彩过渡不自然导致的色带断层，如图 2-102 所示。

图 2-102　色彩过渡不够自然和色彩断层

　　造成色彩断层的主要因素是色深（Color Depth），也就是色彩深度。

　　前面提到的色域是指设备可以记录或显示的颜色，而色深则是指在色域的基础上，每一种颜色延伸出的更多的灰阶，如图 2-103 所示。

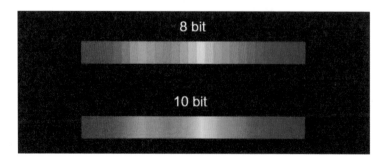

图 2-103　色深

大多数常见的拍摄设备或显示器显示的都是 8bit 的色深。一些更优良的设备显示的色深可以达到 10bit 或 12bit。

当你遇到色彩断层的情况时，你需要多留意一下，看是拍摄设备的色深问题，还是显示器的色深问题。

2.5.3 HDR

很早的时候，手机厂商就开始普及 HDR 技术了。手机上的 HDR 选项如图 2-104 所示。HDR Image（High Dynamic Range Image，高动态范围图像）的原理很简单：用相机几乎同时拍摄 3 张照片，分别是欠、正常和过曝光的照片，然后通过算法分析将 3 张照片叠加在一起，如图 2-105 所示。非 HDR 与 HDR 画面的对比如图 2-106 所示。

图2-104　一些手机上的 HDR 选项

智能 HDR

智能 HDR 会将不同曝光度的最佳部分智能合并成一张照片。

图2-105　将3张不同曝光度的照片合并

图2-106　非 HDR 画面与 HDR 画面

使用 HDR 技术拍摄可以使画面的高光和阴影区域都很好地展现出来，从而使画面更有"电影感"。电影是 HDR 技术很好的体现，如图 2-107 所示。

图 2-107　电影是 HDR 技术很好的体现

起初，由于依靠算法，HDR 技术仅支持用手机拍摄照片。专业摄影师要想用相机获得高动态范围视频，需要使用 RAW 格式进行拍摄，并在后期做一定的调整。但随着技术的革新，HDR 技术也开始应用在某些专业运动相机或无人机上，甚至开始支持高分辨率的视频拍摄。

摄影贴士

RAW 格式和 HDR 技术都可以保证画面的整体亮度统一，那它们的区别是什么呢？

正如其含义"原生的和未经加工的"，RAW 格式是一种未经编码、保留了原始数据的媒体文件类型。

RAW 格式的照片的文件大小通常是普通照片的几倍。JPEG 格式的照片是在设定了白平衡、曝光等参数后，经压缩得到的文件，而 RAW 格式的照片是相机的感光元件直接得到的保留了原始数据的文件。

RAW 格式的照片的文件大小是 JPEG 的数倍，如图 2-108 所示。

图 2-108　文件大小对比

RAW 格式的照片有什么优势呢？

在同一曝光参数下，我们得到了 JPEG 格式和 RAW 格式的照片。在图 2-109 所示的原图中，阴影部分的信息缺失，高光部分的信息得以保留。我们在后期同时提升这两种格式的原图的曝光度后，RAW 格式的照片中阴影部分的信息重新展现了出来，而 JPEG 格式的照片中阴影部分的信息则彻底丢失了，如图 2-109 所示。

图 2-109　原图（左）、提升曝光度后 RAW 格式的照片（中）和提升曝光度后 JPEG 格式的照片（右）

在拍摄时，可以在相机上设置文件格式为"RAW&JPEG"，如图 2-110 所示。

图 2-110　RAW 和 JPEG

　　HDR 技术是设备通过算法限定画面的阴影和高光数值，最后将多张照片压缩成一张照片。RAW 格式的照片则是设备不经设定和压缩而将阴影和高光信息记录下来所得到的照片，后期可以对这种格式的照片自由调整。RAW 格式的照片虽然可以给后期工作者带来更大的操作空间，但其需要很大的存储空间。

2.5.4 Log 图像配置

　　很多设备既不支持 HDR 技术，也不支持 RAW 格式的视频，这时如果想要呈现高动态范围的图像应该怎么办呢？接下来要讲的 Log 图像配置可以帮到你。

　　大家应该见过类似图 2-111 的泛灰画面，这就是使用 Log 图像配置拍摄的画面。Log 模式使用 Log 函数来重新分配曝光值，使得画面有更大的曝光范围。不同的相机厂商根据不同的算法，形成了不同的 Log 模式，如索尼的 S-Log，尼康的 Z-Log 等。

图 2-111 S-Log2
模式下的成像效果

例如，在索尼相机中找到图像配置文件，在一些预设中，就可以看到 S-Log2 或 S-Log3（分别对应出厂时的 PP7 和 PP8 预设），如图 2-112 所示。

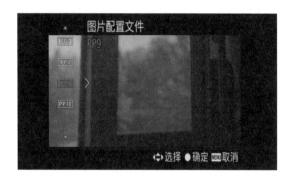

图 2-112 索尼的 Log 预设

同时记录使用和不使用 Log 图像配置拍摄的视频画面，并在后期还原色彩后提升阴影区域的曝光度，可以看到，使用 Log 图像配置拍摄的画面在调整后拥有更多的曝光信息，其阴影和高光的调节更可控，如图 2-113 所示。

图 2-113 使用和不使用 Log 图像配置拍摄的且经过调整的画面

小贴士

为了节省成本，很多专业影像创作团队也偏向使用 Log 图像配置拍摄视频，尽管它没有 RAW 格式带来的可改变空间大，但它的性价比较高。

2.6 收声工作

视频创作其实是一门视听艺术。一个视频的画面带动的是观众的视觉，而声音则牵动的是听觉。虽然观众经常会忽略声音在视频中的地位，但是人的耳朵往往是"公正不阿"的，它总是能精准地捕获到视频里声音存在的明显瑕疵，并且使人对视频产生负面印象。而其中最常见的就是噪声。对于视频创作者来讲，视频除了要有精美的画面，还要有动听的声音。

2.6.1 短视频声音创作的基本流程

短视频的声音部分不需要遵循传统影视的创作流程。笔者总结出了短视频声音创作的基本流程，如图 2-114 所示。

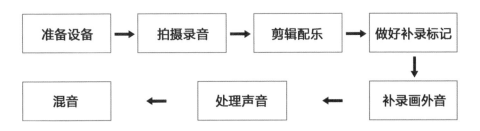

| 图 2-114　短视频声音创作的基本流程

2.6.2 录音的注意事项

在现场录音时，我们可以选择将话筒直接连接至机身进行机内录制，声音可以随画面一起保存；也可以使用专业的录音机进行机外录制，此举需要在后期对齐音轨。前者更方便，适合个人或小型团队拍摄作品；后者更专业，能确保专业的录音师实时监听，各尽其职，保证录音的质量。

在录音的过程中，我们需要注意以下几点。

1. 话筒指向声源

不太了解录音程序的短视频创作者往往会忽略话筒需要指向声源这一点。特别是使用手机进行录制时，许多人把手机随意摆放在某个位置后就开始录音。在开始录音之前，希望所有的短视频创作者都要谨记，话筒收声的角度是否合适和拍摄时是否对焦成功一样重要。相机需要对准被摄主体从而取景构图，话筒也需要先对准音源再"取景构图"。

2. 预留

在录音时，预留一般指声音素材开始前和结束后的几秒静音。也就是说，在按下录音键后，静音几秒再开始正常录制声音素材；同样地，在声音素材录制完成后，静音几秒再结束录音。这样做便于后期剪辑时，声音素材之间能更流畅地过渡。

3. 素材多于需求

短视频创作者在录制声音素材时，要注意所录制的素材一定要多于你所需要的素材。对于录音来讲，永远没有录得过多一说，因为你无法精准预知在后期剪辑时你的声音素材是否足够。

4. 做好标记

短视频创作者在录制声音素材时，常会录制多条重复或相异的素材，若每一条都手动命名，效率显然是不高的。而且没有人会记得一天中所有素材的准确内容，所以在录音时，一定要做好标记。

5. 电平表检查

在现场录音时，要注意每隔一段时间检查电平表的数值和音量按钮/旋钮。在现场录制时，我们一般会将电平表的数值保持在-7dB到-10dB的范围内。一定要确保在录制过程中，电平表的数值不要忽高忽低。

6. 监听

对于短视频创作者而言，同期录音阶段可以不监听。但如果预算支持，则有必要进行监听。录音师不监听就像摄影师闭眼拍摄。但一定要注意监听时机，例如，录制爆炸声等巨大声响时，应当选择不监听以保护耳朵。

7. 背景噪声

在外景同期录音时，最好的选择就是给话筒戴上毛套，以避免录入风声等。除此之外，还应注意避免录入昆虫的叫声、飞机和汽车经过的噪声等。

对于室内录音，新手往往会忽略室内物品所发出的声音，如空调运行的声音、冰箱和电视待机时的噪声等。除了这些所谓的噪声，混响也是非常需要注意的。例如，在补录室外场景对话的时候，如果出现了混响，那就是明显的"声音穿帮"。在室内录音时，最好使用吸声材料改善房间的声学环境。如果是录制人声，可以使用隔音罩。

2.7 其他注意事项

在实际拍摄中，我们会遇到各种各样的问题。本节罗列了一些解决技巧，可以帮助大家熟悉拍摄阶段的工作。

2.7.1 提高拍摄效率

在紧张的工期面前，效率始终是排在第一位的。我们既要保证画面的质量，又要保证如期完成任务。除了要通过大量的拍摄练习，熟练运用手里的设备外，我们还可以通过一些小技巧来提高拍摄效率。

1. 快捷键

快捷键是非常重要的。以索尼 A7 Ⅲ 为例，可以自定义快捷键，如图 2-115 所示。在视频拍摄模式下，可以设置左按钮为 AF-C（连续自动对焦）和 MF（手动对焦）的快速切换键。

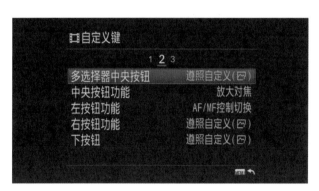

图 2-115　自定义快捷键

在一些极端情况下，我们可以先使用 AF-C，半按快门对焦后，再切换为 MF。锁定对焦点后，可以确保在移动相机的过程中，对焦点不会发生偏移，如图 2-116 所示。

图 2-116　锁定对焦点

在全画幅相机上，我们还可以设置某个按钮的功能为全／残画幅快速切换，这样在拍摄时就可以无损地放大画面，从数字层面上弥补镜头焦距的不足，如图 2-117 和图 2-118 所示。

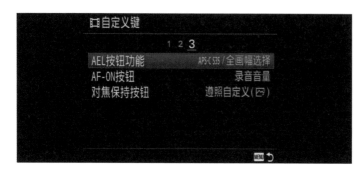

图 2-117　设置 AEL 按钮功能为 "APS-C S35/ 全画幅选择"

图 2-118　全／残画幅切换

沿用佳能用户的使用习惯，还可以将滚动波轮的功能设置为调节光圈大小；将 C4 键的功能设置为 Log 图像配置文件，这样在遇到大光比的环境时，可以快速地进行切换。

摄影贴士

　　大光比指的是一些高光和阴影对比强烈的场景，如日落（见图 2-119）、日出等场景。

┃图 2-119　日落场景

2. 配件

充分利用设备配件的可拓展性可以提高拍摄效率，使我们产生更多拍摄想法。

三脚架

常用且基础的配件之一是三脚架（见图 2-120）。市面上三脚架的价位从几十元到几千元不等，一般来说，便宜的三脚架的好处在于其具有便携性，昂贵的三脚架比较重，多用于架设电影机等，控制它朝各个轴向转动的可调阻尼可以保证在摄影时相机能匀速运动。为了选择一个合适的三脚架，你需要对当前的设备进行评估。

图 2-120　三脚架

滑轨

三脚架可以保证相机在原地向不同的方位移动，滑轨（见图 2-121）则可以保证相机向不同的位置移动。一般在地面上架设好滑轨后，再将三脚架安装在滑轨托盘上就能正常操作。专业的剧组会准备大型的轨道设施，参与人员的数量亦较多。

图 2-121　滑轨

兔笼

针对不同的设备型号，很多厂商会专门开发镂空样式的支架，一般称之为兔笼，它可以包裹机身。兔笼上的孔可以随意搭配零件，如 1/4 螺纹孔、3/8 螺纹孔、阿莱定位孔、冷靴孔等。兔笼上可以安装一些外置配件，如上提手柄、侧握手柄、肩扛等，兔笼与上提手柄如图 2-122 所示。但有时候配件并不是越多越好，成倍的配件数量可能会让你显得更"专业"，但拍摄效率会降低。

图 2-122　兔笼与上提手柄

监视器

市面上某些专业拍摄设备的显示器质量其实都很一般，对画质要求严格的摄影师通常会自行花费几千元甚至上万元购置一款专业监视器（见图 2-123），安装在机身上方。外置监视器不但可以在现场拍摄时准确还原颜色，有时还可以升级实质性的画面规格。

我们把相机内部录制视频的过程叫作内录，相机通过 HDMI 线输出信号到外置监视器来录制视频的过程叫作外录。很多相机拥有强大的输出能力，外录时可以提供更高的画面规格。例如，一台最高只能拍摄 4K 30FPS 4:0:0 8bit H.264 编码视频的相机，在专业监视器上可以实现 4K 60FPS 4:2:2 10bit progress 编码的拍摄。

图 2-123　Atom 监视器

可以把监视器安装在兔笼上方的上提手柄上，同时在右侧增设采访话筒、跟焦器等。按需购置配件，可以极大地提高拍摄方案的多样性和拍摄效率。在图 2-124 中，使用兔笼、监视器和几个转接器等配件，就将一台小巧的 BMPCC 4K 改装成大型电影机的模样了。

图 2-124　对 BMPCC 4K 进行拓展（前后对比）

话筒支架

话筒支架的作用是固定话筒。话筒支架与相机支架大同小异，大家可以根据自己的需求购买合适的话筒支架。另外，现在市面上许多三角支架只需要通过更换支架头就能实现相机支架与话筒支架的互换。

防风罩

购买话筒时，商家一般会赠送"海绵罩"，也就是防风罩（见图 2-125）。它可以在一定程度上隔断空气中的一部分风声，并且在录制人声时，能减少喷麦现象的发生。为了防止防风罩从话筒上滑落，大家在使用时，可以用橡胶圈在其尾部进行固定。

图 2-125　戴上防风罩后的话筒

毛衣

我们常会看到话筒外面包裹着一层毛茸茸的保护套，这就是毛衣。它不是我们平常穿的保暖毛衣，而是用于减少话筒拾取的风噪声的配件，如图 2-126 所示。

—
图 2-126　戴上毛衣后的话筒

2.7.2　布光

一些简单的拍摄场景也需要考虑现场光线带来的影响，布光前后的效果如图 2-127 所示。

—
图 2-127　布光前后的效果

为了降低人物脸部两侧的对比度，可以在一侧使用反光板，将一部分光线反射到人物脸部较暗的一侧，如图 2-128 所示。

—
图 2-128　反光板的使用

在拍摄人物时，除了布置好主光源及辅光源外，还需要注意轮廓光和零星的背景氛围灯，以优化整体画面效果。

具体应该如何布光，笔者会在第 4 章结合案例进行详细讲解。

2.7.3 避免噪点

噪点主要是光信号在进入影像处理器之前形成的，因为其途中会经过影像传感器和一系列的集成电路。为了避免在前期拍摄时产生噪点，大家可参考以下几点建议。

1. 选用面积更大的传感器

传感器面积直接决定了影像系统在单位时间内收集的光信号的数量。传感器面积越大，收集的光信号就多，信噪比就越高，抑噪能力也就越强。所以，当我们面对可能产生很多噪点的场景时，如夜晚、傍晚的场景，可优先选用全画幅相机进行拍摄。

2. 保证合适的工作条件

除了传感器本身，温度也会直接影响噪点的形成。当曝光时间较长或所处环境温度较高时，相机内部的温度便会升高，从而导致电路产生暗电流（Dark Current），它是噪点的另一个来源。

3. 使用更低的感光度

前面在讲解感光度的时候有提及：在其他参数相同的条件下，更高的感光度势必会带来更多的噪点。我们在拍摄的时候，选择尽可能低的快门速度和感光度，可以规避掉很多噪点。如果在摄影时快门速度已经调至 1/50 秒且感光度已经临近最大值，画面亮度却仍然不达标，则需考虑增加更多的灯光。

4. 使用 RAW 格式进行拍摄

也可以考虑使用 RAW 格式进行拍摄，以记录下最佳的画面，这样可以给后期处理带来更大的空间，把画质的损失降到最低。

剪辑

第3章

剪辑是影响视频质量好坏的重要因素。在大多数情况下，后期处理可以弥补前期拍摄的不足，拯救不少素材。本章将由浅入深地讲解剪辑、特效、转场、调色和声音处理等方面的内容。

3.1 剪辑的基本要点

在学会"怎么做"之前，一定要清楚自己到底在"做什么"。有些人可能很熟悉剪辑软件，但自己剪辑时，却容易犯基础错误，有些人可能还不懂越轴或相机运动方向的跳跃等概念。

我们在进行剪辑软件的学习前，要先了解蒙太奇、画面运动和剪辑的基本流程这 3个基本要点。

3.1.1 蒙太奇

蒙太奇（Montage）直译过来就是"剪接"，即用适当的剪接艺术来展现特定的故事。

如果在影片中看到这样的画面：男子望向远处，两个孩子正在玩耍，他露出了笑容。观众可能会认为这是一位温柔的父亲，如图 3-1 所示。

图 3-1　蒙太奇画面组 1

如果把图 3-1 中的第 2 个镜头进行替换（见图 3-2），观众可能会认为这是一对热恋中的情侣。

图 3-2　蒙太奇画面组 2

不同场景经过剪辑会呈现出截然不同的效果，这就是蒙太奇的魅力所在，它能通过不同的剪接方式展现出不同的人物特点和故事内容。

蒙太奇可分为平行蒙太奇、交叉蒙太奇、对比蒙太奇等。

平行蒙太奇比较常见，它是指把两条或以上的情节线并列表现出来。交叉蒙太奇是许多导演钟爱的一种表现手法，它是指将几条具有时间相关性的情节线剪辑在一起，节奏越来越快，最后汇合在一起。对比蒙太奇是指通过镜头在内容（如贫与富、苦与乐、生与死等）或形式（如景别大小、俯仰角度、动与静等）上的强烈对比，以表达短视频创作者的某种寓意或强调所表现的内容、情绪和思想。

3.1.2 画面运动

提到画面运动，就不得不提及备受关注的短片《土耳其瞭望塔》。

镜头 1 中向下跳跃的狗，配合着相机向下的运动。镜头 2 中向下跳跃的猫，也配合着相机向下的运动。两个镜头配合着从上往下的运动遮罩转场，完美衔接在一起，如图 3-3 所示。

图 3-3　向下运动的匹配

镜头从铁栅栏处开始向右平移，展示建筑，然后旋转 180 度拍摄天空中的飞鸟，最后向下运动并后退。这一系列运动镜头是支撑整部短片的核心要素之一，《土耳其瞭望塔》镜头运动方向的解析如图 3-4 所示。

图 3-4 《土耳其瞭望塔》镜头运动方向

　　现在越来越少的人会在剪辑时认真地思考各个镜头之间的运动方向的合理性。镜头的运动方向不一定要循规蹈矩，当需要营造出一种扑朔迷离的梦境感时，便可以打乱镜头出现的顺序。

3.1.3　剪辑的基本流程

　　在打开剪辑软件之前，我们需要先了解剪辑的基本流程。

　　后期剪辑一般会经历图 3-5 所示的步骤。

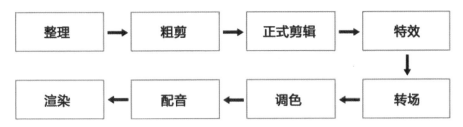

图 3-5　剪辑的基本流程

　　面对成百上千条素材时，整理素材可以帮助我们极大地提高剪辑效率，同时厘清剪辑思路。整理素材示例如图 3-6 所示。

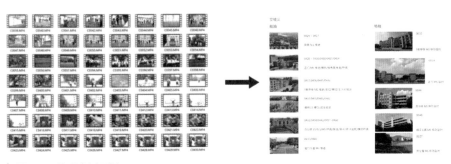

图 3-6　整理素材示例

　　在整理素材的基础上，粗剪通常可以迅速完成。在影视行业中，制作团队一般在完成粗剪后会向甲方进行第一次演示，确定大致方向没有问题后，便进入正式剪辑环节。

　　在正式剪辑环节中，制作团队需要把控好整个视频的节奏。粗剪相当于组装框架，正式剪辑便是"焊接"。"变速镜头""遮罩转场"等一系列操作都将在这一步实现。对短视频制作而言，正式剪辑是流程中最耗时的一个环节，剪辑师需具有天马行空的想象力和一定的耐心。粗剪和正式剪辑时的软件界面如图 3-7 所示。

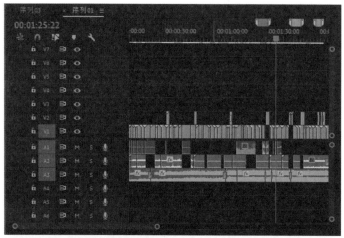

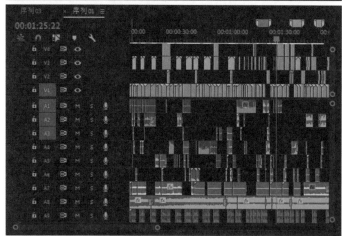

图 3-7　粗剪和正式剪辑时的软件界面

　　正式剪辑完成后需进行调色。调色是打造"大片"的重要一步，可以弥补很多前期拍摄存在的不足。

　　作曲、特效、配音和渲染可以依据不同视频的需求，选择性省略或调换顺序。在剪辑旅拍类视频时，通常先用合适的音乐把轨道填满，然后依据节奏进行剪辑。在同期声质量满足要求的情况下，便可以省去后期配音的过程，最后添加混响效果即可。

以上是视频剪辑的基本流程，其中的每一步都将在本书后续章节中进行详细讲解。

3.2 · 非线性剪辑软件的基本操作

非线性剪辑也称非线性编辑，之所以称之为"非线性"，是因为它相对于传统的磁带拼接来说更自由。它可以突破单一的时间顺序，对素材进行任意的替换和调整。

接下来以 Premiere Pro 2020（见图 3-8）为例，讲解非线性剪辑软件的基本操作。

图3-8 Premiere Pro 2020

后期贴士

在进行正式学习前，我们要明白，剪辑重要的是思维，剪辑软件只是工具。学会某种非线性剪辑软件的操作后，所形成的思维可以帮助我们很快地掌握另一种软件的操作。

3.2.1 认识工作界面

打开 Premiere Pro 2020 后会出现欢迎界面，如图 3-9 所示。在这个界面中，可以快速打开最近使用过的项目，也可以新建或打开团队项目。

图 3-9　欢迎界面

单击左侧的"新建项目"按钮，弹出"新建项目"对话框，在该对话框中可给项目命名和选择存储位置等，如图 3-10 所示。

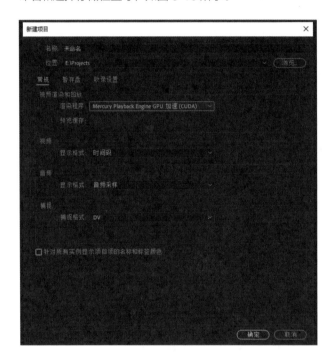

图 3-10　新建项目

后期贴士

在"常规 > 视频渲染和回放 > 渲染程序"下拉列表框中，软件会默认选择"Mercury Playback Engine GPU 加速（CUDA）"渲染方式，通俗来讲就是硬件加速，这是 Adobe 在 Premiere Pro 2020 版本中推出的水银球加速功能。

它的好处是在视频预览及最后渲染时可以充分利用显卡性能，更快、更好地进行画面处理。但有时会遇到"GPU 渲染出错"等渲染失败的情况，遇到这样的问题时，可以切换到"仅 Mercury Playback Engine 软件"方式，这样虽然会降低渲染速度，但基本不会报错。

在剪辑过程中，该设置可以通过执行"文件 > 项目设置"命令，在打开的"项目设置"对话框中的"常规"选项卡下进行调整。软件中包含的渲染程序如图 3-11 所示。

图 3-11　渲染程序

单击"确定"按钮后，将进入主工作界面，如图 3-12 所示，从编号 1 到编号 5 的 5 个面板构成了 Premiere Pro 2020 默认的"编辑"工作区，在软件界面顶部区域可以切换工作区。

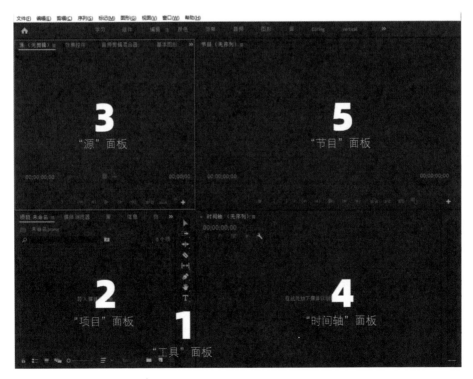

图 3-12　主工作界面

1. "工具"面板

"工具"面板包括在剪辑中会用到的工具，如图 3-13 所示。

图 3-13　"工具"面板

▶ 选择工具：选择需要剪辑的片段。

➡ 向前选择轨道工具：使用"向前选择轨道工具"并单击轨道上某个片段后，会选中当前片段之前的所有元素。长按该按钮，在弹出的菜单中还可以选择"向后选择轨道工具"⬅，使用"向后选择轨道工具"并单击轨道上的某个片段后，会选中当前片段之后的所有元素。

⬌ 波纹编辑工具：使用"波纹编辑工具"改变片段出入时间后，紧接着的片段会跟随移动。长按该按钮，在弹出的菜单中可以选择"比率拉伸工具"⬌，"比率拉伸工具"可以灵活地在轨道上直接拉伸视频来改变其播放速度；还可以选择"滚动编辑工具"⬌，使用"滚动编辑工具"可以在不改变素材总时长的情况下改变两段相邻素材各自的占比。

◆ 剃刀工具：选择"剃刀工具"，在轨道上的合适位置单击，素材就一分为二了。

⬌ 外滑工具：可以在不改变素材位置的情况下，快速调整目标素材的出入时间。

✎ 钢笔工具：长按该按钮，在弹出的菜单中可以选择"矩形工具""椭圆工具"，均用于绘制图形。

✋ 手形工具：用于拖动画面或轨道视图，在弹出的菜单中可以选择"缩放工具"，用于放大（单击鼠标左键）或缩小（Alt+ 鼠标左键）轨道视图。

T 文字工具：使用"文字工具"可以直接单击画面预览区域添加文字。

2. "项目"面板

"项目"面板中的第 1 个面板是 Premiere Pro 中的"资源管理器"（"达芬奇"中的译法——"媒体池"更为贴切），项目所需的视频、音频等素材都可以在这里找到。

第 5 个面板"效果"中，归纳了软件自带的所有音视频特效、插件和转场等。

3. "源"面板

在"源"面板的第 1 个选项卡中可以预览"资源管理器"中选中的素材。

在第 2 个面板"效果控件"中，可以编辑目标片段中所涉及的效果器参数。

4. "时间轴"面板

"时间轴"面板是项目的轨道窗口,在剪辑过程中所发生的所有交互都会在此呈现出来。

5. "节目"面板

"节目"面板直接呈现轨道窗口的剪辑画面,可以通过它实时预览最终剪辑效果。

6. 其他面板

主工作界面的右下角有一个小面板,表示音频,可以通过它获知音量的大小,如图 3-14 所示。

图 3-14 主工作界面右下角的小面板

选中"编辑"工作区(见图 3-15),其呈现出默认的工作区。

| 学习 | 组件 | 编辑 ≡ | 颜色 | 效果 | 音频 | 图形 | 字幕 | 库 | » |

图 3-15 选择"编辑"工作区

调整不同面板的大小和位置至自己满意后,将其保存为新的工作区,下次即可快速切换。

3.2.2 调整工作界面

第 1 步 当移动鼠标指针至面板之间时,鼠标指针会变成图 3-16 所示的形状。拖动鼠标,可以调整面板的大小,如图 3-17 所示。

图 3-16 鼠标指针的形状发生变化

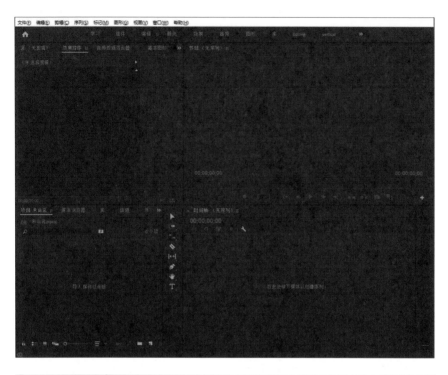

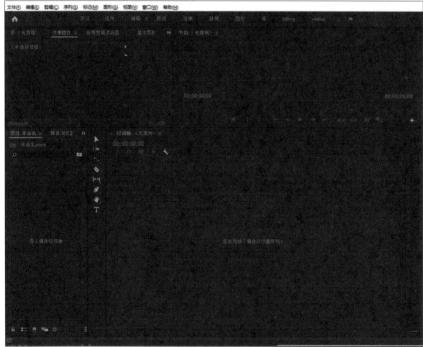

图 3-17 调整面板的大小

第2步 拖动面板到任意位置，也可以调整工作界面的布局，如图 3-18 所示。

| **图 3-18**　拖动面板

第3步 布局调整完成后，单击工作区名称后的■按钮，在弹出的菜单中选择"另存为新工作区"选项，在弹出的对话框中输入新工作区的名称，如图 3-19 所示，单击"确定"按钮即可保存新工作区。

图 3-19　保存新工作区

保存工作区后，在以后的剪辑工作中，就可以快速切换到适合自己的工作区了，如图 3-20 所示。

| **图 3-20**　切换至新工作区

在 Premiere Pro 2020 中，"编辑""颜色""效果"等软件自带的工作区可以满足绝大多数需求。在调色时，可以切换至"颜色"工作区，如图 3-21 所示。

右侧占据整列的"Lumetri 颜色"面板和中间的预览窗口可以让剪辑师集中精力进行调色。

图3-21 "颜色"
工作区

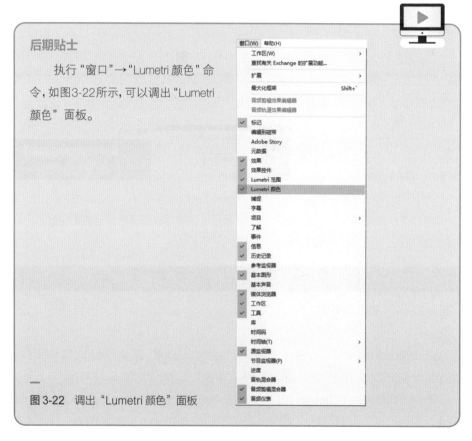

后期贴士

执行"窗口"→"Lumetri 颜色"命令,如图3-22所示,可以调出"Lumetri 颜色"面板。

图 3-22 调出"Lumetri 颜色"面板

当计算机连接两个显示器的时候，可以把整个预览窗口拖动到第二个显示器中全屏展示，并保存该双屏模式下的工作区。剪辑竖屏视频时，可以使第二个显示器竖屏显示。如果没有第二个显示器，也可以按图 3-23 进行布局：将"节目"面板进行纵向拉伸，同时，为了更方便地制作文字动画，也可以在"时间轴"面板左边增设"基本图形"和"效果控件"面板。

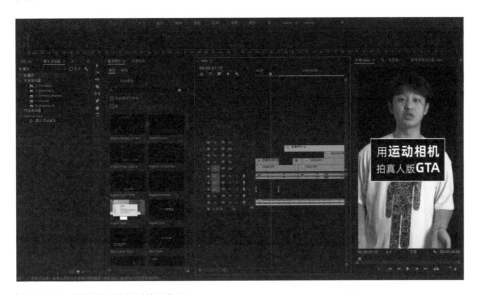

图 3-23　剪辑竖屏视频时的工作区

工作区是一个很容易被新手忽视的地方，希望大家可以通过对本小节内容的学习，尽快找到适合自己的剪辑工作区布局。

很多剪辑软件可以改变工作界面的布局，合理、方便并能满足自身需求的布局是至关重要的。

3.2.3 高效整理素材

导入素材很简单，双击"项目"面板（见图 3-24）的空白区域，在弹出的文件选择器里，选中需要导入的媒体文件或文件夹。

后期贴士

一般可以在系统的资源管理器中找到想要的素材，将该素材或其所属的文件夹直接拖动到"项目"面板即可完成导入。

图 3-24 "项目"面板

当我们拥有成百上千条素材时，如何快速地定位素材是一个棘手的问题。我们很难在这么多条以序号命名的素材（见图 3-25）中，马上找到自己想要的素材。

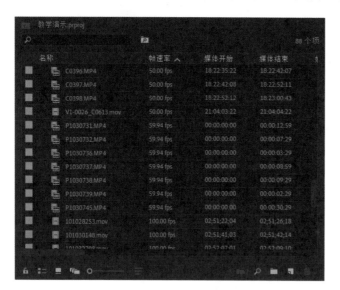

图3-25 以序号命名的素材

后期贴士

　　在以列表呈现的素材库中，单击列表表头，选择"元数据显示"选项，在弹出的对话框中单击"添加属性"，添加一个新的列，这里添加"景别"属性，并把类型设置为"文本"，如图 3-26 所示。

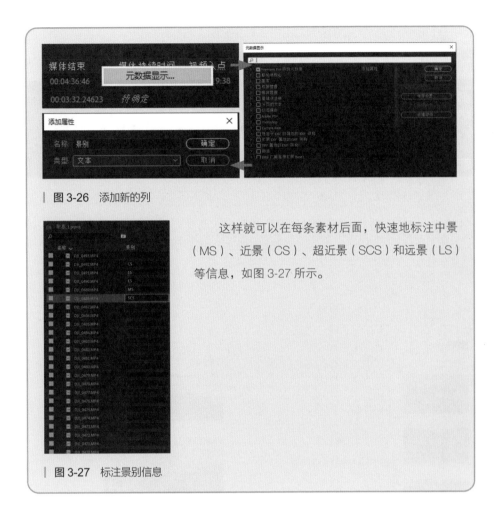

图 3-26 添加新的列

这样就可以在每条素材后面，快速地标注中景（MS）、近景（CS）、超近景（SCS）和远景（LS）等信息，如图 3-27 所示。

图 3-27 标注景别信息

单击"图标视图"按钮，由列表视图切换至图标视图，可以看到素材的缩略图，如图 3-28 所示。

图 3-28 切换至图标视图

Premiere Pro CC 2019 及之后的版本中新增了"自由视图",在自由视图中,剪辑师可以自由地拖动和复制素材,能够更加高效地整理素材,如图 3-29 所示。

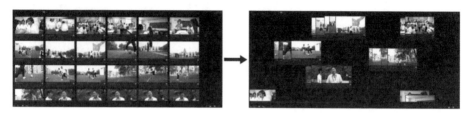

▎图 3-29 自由视图

面对杂乱且多的素材,剪辑师需要提前浏览所有素材,将每条素材的内容等关键属性进行归类。不同的分类方式适用于不同的场景。

笔者在素材的截图旁,记录了在相同场景拍摄的不同素材的序号,并标注了对应的景别和运镜方向,如图 3-30 所示。

▎图 3-30 整理素材

素材整理完成后,剪辑思路便会清晰明了,这样就可以很快构建出视频的框架了,如图 3-31 所示。

| 图 3-31　剪辑思路

3.2.4 剪辑第 1 步——序列

　　在剪辑前,需要对项目的分辨率、编码方式和帧速率等参数进行设定。单击"项目"
面板右下角的"新建"按钮█,选择"序列"选项,如图 3-32 所示。

图3-32　创建
新序列

在弹出"新建序列"对话框中选择一个合适的预设，如图 3-33 所示。

图3-33　选择
预设

通常很少使用软件自带的这些预设，可单击"设置"选项卡，自定义一个新的序列
预设，如图 3-34 所示。

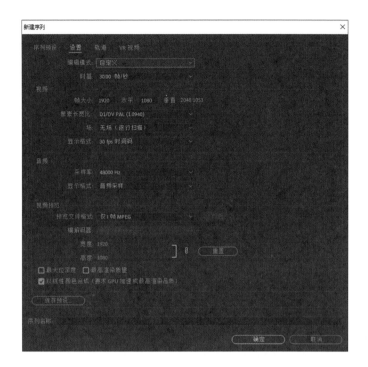

图 3-34 自定义
新的序列预设

　　例如，需要交付 1080P、30 帧 / 秒的横屏视频，在设置序列预设时填写 1080P
（1920×1080）、30 帧 / 秒的参数，在配置完成后单击"保存预设"按钮，以便在需
要时直接选择该预设。在剪辑竖屏 1080P 视频时，需把分辨率从 1920px×1080px 更
改为 1080px×1920px。

　　在底部的"序列名称"中，填写该序列的名称。单击"确定"按钮后，"时间轴"
面板中便会出现名为"序列 01"的轨道工作区，项目窗口中也会新增名为"序列 01"
的序列文件，如图 3-35 所示。

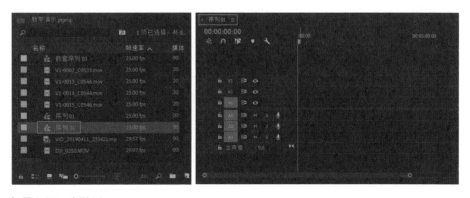

图 3-35 序列 01

创建好序列后，项目参数便设置好了，可以随时更改序列名称、分辨率或帧速率。

后期贴士

有时为了方便，可以把一部成片直接拖进"时间轴"面板，软件会自动根据这个视频的参数创建序列。

如果在导出窗口中更改分辨率，将横屏的视频变成竖屏的，会导致强制压缩，使整个画面都发生变形。正确的做法是右击序列文件，在弹出的菜单中选择"序列设置"，然后在"序列设置"对话框中更改分辨率。

后期贴士

Premiere Pro CC 2019 及以后的版本中新增了"自动重构序列"功能，软件可自动识别被摄主体，灵活调整视频比例。

其操作方法如下。

第1步 右击需要重构比例的序列文件，在弹出的菜单中选择"自动重构序列"，如图 3-36 所示。

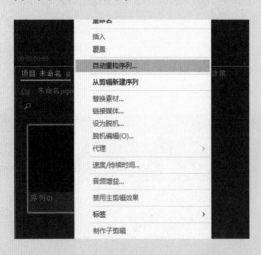

图 3-36 自动重构序列 1

第2步 在"长宽比"中选择需要的比例，如图 3-37 所示。

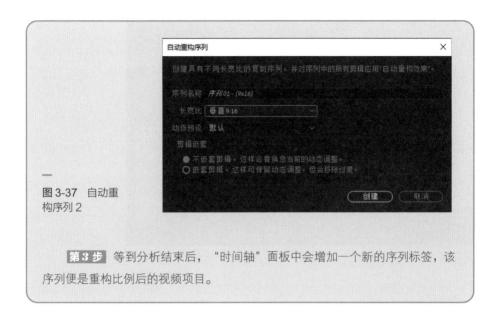

图 3-37　自动重
构序列 2

第3步 等到分析结束后，"时间轴"面板中会增加一个新的序列标签，该
序列便是重构比例后的视频项目。

3.2.5　剪辑第 2 步——轨道与工具

导入所需素材，创建序列，如图 3-38 所示。

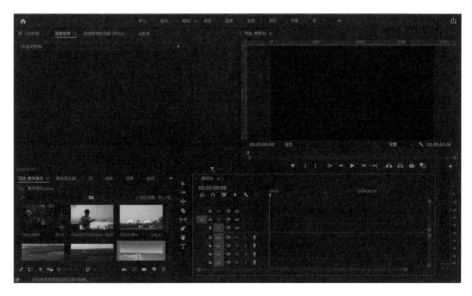

图 3-38　导入素材

在"项目"面板中，双击需要的素材，可在预览窗口中预览，如图 3-39 所示。

图3-39 预览素材

在选择素材时，通常只会截取一部分来使用而非全部。为了选中目标片段，可将时间线■移动至目标片段的入点处，单击■标记目标片段的入点；再将该时间线移动至目标片段的出点处，单击■标记目标片段的终点，选中的目标片段会在预览窗口中的进度条上以灰色呈现出来。

接下来需要将该片段放在时间轴上。预览窗口的下方有一组按钮■ ■，其中第 1 个按钮是"仅拖动视频"，第 2 个按钮是"仅拖动音频"。按住预览画面并拖动到轨道中，可以同时导入视频和音频，如图 3-40 所示。

| 图 3-40 将素材拖动至轨道

重复以上操作，依次将所需素材放在时间轴上，如图 3-41 所示。

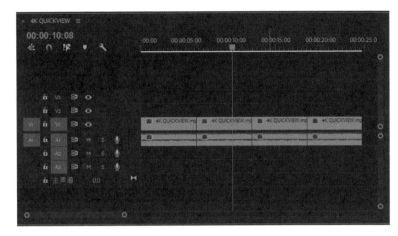

图 3-41 铺设轨道

如果不需要某个素材片段的声音，可右击音频轨道上对应的片段，然后按 Delete 键删除，如图 3-42 所示。

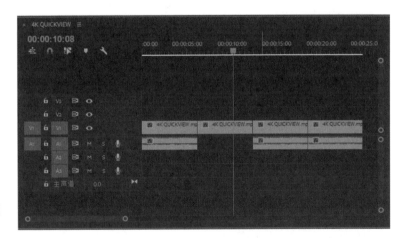

图 3-42 删除音频片段

后期贴士

在选中音频片段时，可能会同时选中链接在一起的视频片段，以至无法单独删除音频片段，这时在轨道窗口中单击"链接选择项"按钮，取消链接即可，如图 3-43 所示。

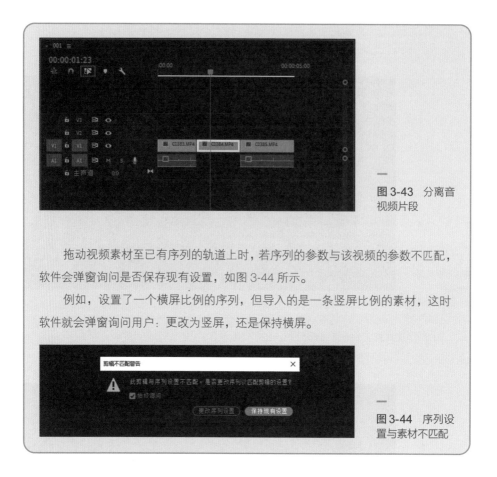

图 3-43　分离音视频片段

图 3-44　序列设置与素材不匹配

拖动视频素材至已有序列的轨道上时，若序列的参数与该视频的参数不匹配，软件会弹窗询问是否保存现有设置，如图 3-44 所示。

例如，设置了一个横屏比例的序列，但导入的是一条竖屏比例的素材，这时软件就会弹窗询问用户：更改为竖屏，还是保持横屏。

3.2.6　使用快捷键提高剪辑效率

剪辑视频时需要一个框架结构用作参照物。例如，在剪辑旅拍类视频时，可以根据音乐来划分时长，当有时长参照物后，就可以"填入"内容了。

在一个新的音频轨道中放入一段音乐，如图 3-45 所示。

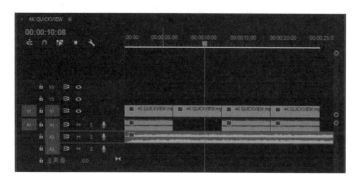

图 3-45　在音频轨道中放入音乐

当音频片段相对整体视频更长时，便需要对音频片段进行剪辑。

在这个绿色的音频片段中，片段 1 的主歌部分节奏感不够强，可以删除；片段 2 为重复的旋律，也可以删除，如图 3-46 所示。

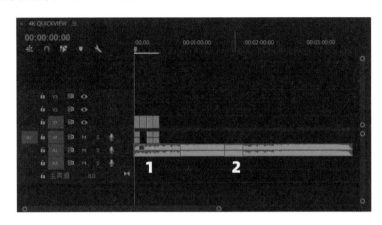

图 3-46 剪辑
音频片段

将鼠标指针移至音频轨道上需要修改的时间点上，按 C 键，鼠标指针的形状会由 ▶ 变为 ◈。单击目标音频片段，该片段会被切割为两个独立的片段，如图 3-47 所示。

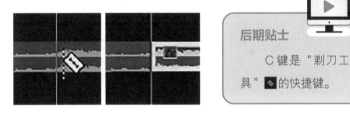

图 3-47 切割
音频片段

后期贴士

C 键是"剃刀工具"◈的快捷键。

再按 V 键，鼠标指针将变回"选择工具"▶的形状。

常用的工具快捷键如表 3-1 所示。

表 3-1 常用的工具快捷键

工具名	快捷键
选择工具	V
剃刀工具	C
向前选择轨道工具	A
向后选择轨道工具	Shift+A
比率拉伸工具	R
外滑工具	Y
钢笔工具	P
文字工具	T

后期贴士

　　为了获得更好的操作体验，建议 Windows 操作系统用户在使用快捷键时，将系统输入法切换为全英文模式，避免软件出错崩溃造成工作文件未保存或丢失数据。

　　当音频片段被切割后，选中需舍弃的一段，按 Delete 键即可将其删除。

　　为了不让音频片段的衔接变得突兀，可以添加淡入效果。执行"效果 > 音频过渡 > 交叉淡化 > 恒定功率"命令，将其效果器拖动至该音频片段的入点，如图 3-48 所示。

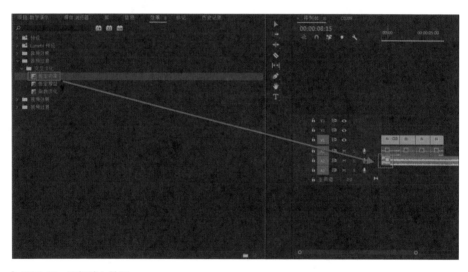

| 图 3-48　添加淡入效果

后期贴士

　　将鼠标指针放在音频片段的边缘位置右击，在弹出的菜单中选择"应用默认过渡"，如图 3-49 所示。

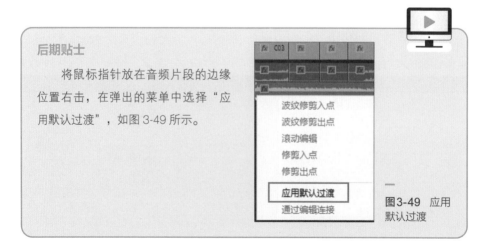

图 3-49　应用默认过渡

使用"剃刀工具"✄删掉重复的旋律后，将后一段音频拖至前一段音频的结尾处，如图 3-50 所示。

| 图 3-50　移动音频片段

若直接拼接两个音频片段，衔接处的音乐节奏会发生跳跃，所以需要对它进行微调。

可以通过鼠标微移其中一个片段，直到衔接处的音乐节奏变得正常；也可以使用组合键 Alt+ ← / →，逐帧移动音频片段。

后期贴士

Alt+ ← / → 是很有用的快捷键，不只适用于音频，它对卡点视频的制作也很有帮助。

Alt+ ↑ / ↓，可将素材移动至上 / 下层轨道。

按住 Alt 键并拖动素材片段，可以快速实现复制操作。

Alt+鼠标滚轮，可以在"时间轴"面板中实现缩放效果。

音频轨道处理完成后，就可以开始铺设视频轨道了，在"项目"面板中找到目标视频素材，如图 3-51 所示。

图 3-51　找到目标
视频素材

双击此素材，视频将在预览窗口中显示。

若只需要其中的部分片段，在目标片段的入点处按 I（Input）键，出点处按 O（Output）键，可以快速选定区间，如图 3-52 所示。

图 3-52 快速选定区间

选定区间后，通过鼠标将目标片段拖入"时间轴"面板中。

后期贴士

在插入视频时，除了使用鼠标拖动的方法，还可以通过快捷键，（逗号）直接插入选定区间。

按上述操作方法，将所有目标音视频素材依次放在轨道，如图 3-53 所示。

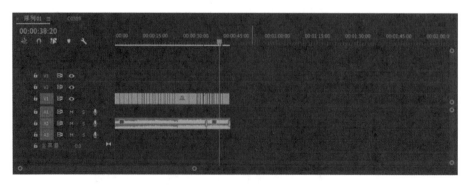

| 图 3-53 完成音视频轨道的铺设

为了让视频更生动，我们还可以在特定位置增加视频原声，如图 3-54 所示。

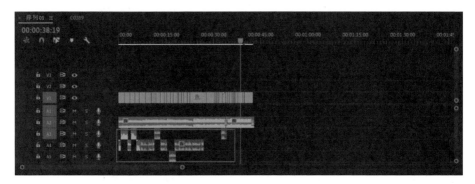

| 图 3-54　增加视频原声

更多实用的快捷键如表 3-2 所示。

表 3-2　更多实用的快捷键

操作	快捷键
撤销	Ctrl+Z
重做	Ctrl+Shift+Z
保存项目	Ctrl+S
改变速度 / 持续时间	Ctrl+R
添加文字	Ctrl+T
导出为媒体文件	Ctrl+M
剪切	Ctrl+X
复制	Ctrl+C
粘贴	Ctrl+V
全屏预览最终画面	Ctrl+`
交换素材片段的位置	Ctrl+ 鼠标拖动
最大化鼠标指针所指窗口	`
快退 / 进	J/L
标记	M

执行"编辑"→"快捷键"命令，即可直观地看到部分快捷键，用户也可以自定义适合自己的快捷键，如图 3-55 所示。

熟练运用快捷键，在剪辑时才能得心应手，提高效率。

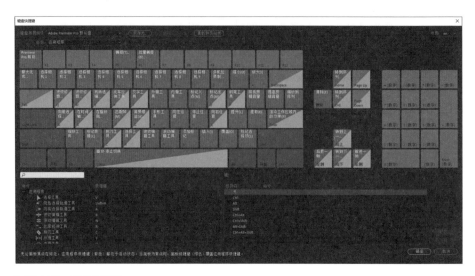

| 图 3-55　设置快捷键

3.3 · 用效果器给视频增色

| 图 3-56　新建调整图层

大多数视频的特殊效果都是靠各式各样的效果器叠加形成的。从基础的"电影银幕开场"到"打码",大多数效果都可以在众多主流剪辑软件中实现。

在正式开始学习制作效果之前,先介绍一种图层——调整图层。

调整图层类似于一层膜:想象在手臂上作画时,可以直接于皮肤表面操作,也可以在皮肤上贴一层膜,在膜上作画不会直接接触皮肤。

在"项目"面板中右击,或单击右下角的"新建项"■按钮,选择"调整图层",如图 3-56 所示,新建一个调整图层。

把新建的调整图层拖动到视频上方的轨道中,如图 3-57 所示。

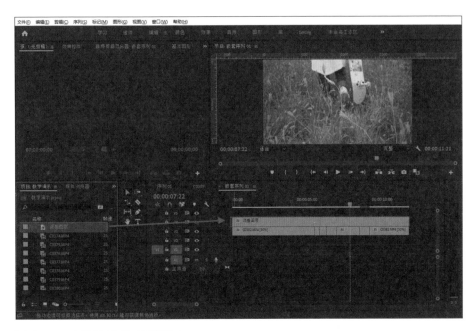

在调整图层上添加效果器，就可以实现对应的效果了。

后期贴士

　　按 C 键选择"剃刀工具" ◈，将目标视频素材分割为多个独立片段，可单独为每个片段添加效果。

　　创建调整图层的好处在于：一是当添加的效果过多时，性能欠佳的计算机可能无法满足流畅的预览需求，这时单击调整图层轨道左侧的"眼睛"按钮 ◉，便能把所有效果隐藏起来，以便仅预览剪辑效果；二是调整图层可以同时作用于多个素材片段，还可以拉伸至整个轨道的长度，再使用"裁剪"效果器。

3.3.1 关键帧

　　关键帧是打点记录参数的一种标记。

　　导入一段 4K 延时摄影素材进行演示，如图 3-58 所示。

图3-58　延时摄影
素材

在该素材对应的"效果控件"面板中，可以看到该素材使用的所有效果器。其中"运动""不透明度""时间重映射"都是默认存在的，如需要"裁剪""高斯模糊"等其他效果器，可以在"效果"面板中找到对应的效果器，然后将其拖动至时间轴中的目标素材上。

在"效果控件"面板中，fx可以单独控制每个效果器的打开与关闭，可以重置该参数的值为初始默认值，形似秒表，可以记录关键帧。

第1步　对于这段固定机位的延时摄影素材，为了让它具有从大到小的缩放效果，可以在视频开始时单击"缩放"左边的"切换动画"按钮，"效果控件"面板右侧的轨道窗口就会在"缩放"这一行出现一个"缩放"关键帧，如图3-59所示。

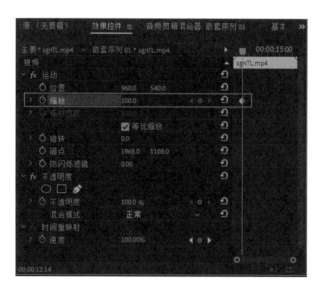

图3-59　设置缩放
关键帧

第2步　改变关键帧的数值，将100.0更改为200.0，如图3-60所示。

| 图 3-60　更改缩放数值

第 3 步　移动鼠标指针到片段末尾，单击"添加 / 移除关键帧"按钮![icon]，添加关键帧，并把数值改回 100.0（也可以直接单击"重置"按钮![icon]），如图 3-61 所示。

| 图 3-61　记录新的缩放数值

画面就会呈现出由大到小的缩放效果，如图 3-62 所示。

| 图 3-62　画面由大变小

3.3.2　钢笔工具

钢笔工具是后期制作中必不可少的一个工具，可以用来创建遮罩和形状，甚至修补画面。

为了让画面 2 更有光影质感，可把画面 1 的光效叠加在画面 2 上，两个素材片段如图 3-63 所示。

图 3-63　素材
片段

第 1 步　在不同的轨道上把两个素材片段叠加在一起，如图 3-64 所示。

图 3-64　叠加
素材片段

预览窗口只显示了画面 1 的内容，如图 3-65 所示。

图 3-65　预览窗口

第2步 在"效果控件"面板中降低"不透明度"，如图 3-66 所示。

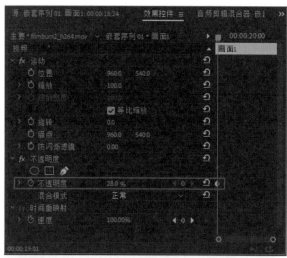

图 3-66　降低"不
透明度"

要想完善画面，可以在画面左下角添加一部分光斑。

第3步 选择"钢笔工具"，如图 3-67 所示。

图 3-67　选择"钢
笔工具"

在画面中的任意区域绘制出一条闭合路径，如图 3-68 所示。

图 3-68　绘制闭合
路径

后期贴士

　　此处绘制的路径超出了画面，可以在预览窗口的左下角选择 10% 的比例，以便进行绘制。

闭合路径的线条非常生硬，需要将其"羽化"。在绘制完一个图形后，"不透明度"里就出现了"蒙版（1）"这个选项，如图 3-69 所示。这里的"蒙版"是指遮罩。

图 3-69　新建蒙版

第4步 增大"蒙版羽化"的值，该数值越大，所绘制的图形的边缘越柔和。当该数值超过 300 时，其边缘就变得非常柔和了，可得到图 3-70 所示的画面。

图 3-70 增大"蒙版羽化"的值

3.3.3 裁剪效果器

接下来制作"电影银幕开场"效果。

第1步 在"效果"面板中找到"裁剪"效果器，将其拖动至时间轴的视频素材片段上，并在"效果控件"面板中进行编辑，如图 3-71 所示。

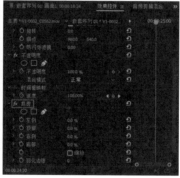

图 3-71 添加"裁剪"效果器

第2步 单击"效果控件"面板"顶部"和"底部"左侧的"切换动画"按钮 ⏱，记录关键帧，如图 3-72 所示。

图 3-72 记录关键帧

第3步 把时间线往后移动几秒，再分别单击 ◎ 添加关键帧，如图 3-73 所示。

图 3-73　记录新一
组关键帧

第4步 改变"顶部"和"底部"的参数，如图 3-74 所示，使视频顶部和底部出现
黑边。

图 3-74　改变该关
键帧的参数

"电影银幕开场"效果就做好了，如图 3-75 所示。

| 图 3-75　电影银幕开场

也可以在第 1 帧记录"顶部"和"底部"的值为 50%，在最后一帧将二者均还原为
0%，做出"开幕"的效果。

后期贴士

　　在这个视频中，演员的头部被裁剪了，导致画面的主体不完整。在这种情况下，
在"位置"里将画面整体下移 13%，再将"裁剪"中"顶部"的参数设置为 0%，
"底部"的参数设置为 26%，就可以解决这个问题了。

3.3.4 模糊效果器

Premiere Pro 2020 提供了很多模糊效果器，如图 3-76 所示。

图 3-76 模糊效果器

模糊效果器可以在很多地方起作用，如结合蒙版对画面中特定的区域做模糊处理和模拟眩晕等艺术效果，结合"文字工具"制作小清新文字动画等。

第 1 步 添加文字，在工具栏里选择"文字工具"，如图 3-77 所示。

图3-77 选择"文字工具"

第 2 步 单击画面中任意位置，输入文本，如图 3-78 所示。

图3-78 输入文本

输入文本后，Premiere Pro 2020 会自动创建一个图形图层，这个图层里包含刚创建的文本，如图 3-79 所示。

图 3-79　图形图层

第3步　在"效果"面板中找到"高斯模糊"效果器，将其拖动至此图形图层中。

第4步　在文字出现的第 1 帧给"模糊度"打上关键帧，将其设置为 34.0，2 秒后再次打上关键帧并将模糊度还原为 0，如图 3-80 所示。

图 3-80　给"模糊度"打上关键帧

第5步　为了让文字出现得更自然，可在第 1 帧给"不透明度"添加一个关键帧，让文字逐渐显示出来，如图 3-81 所示。

图 3-81　最终效果

在成片中，还添加了矢量运动的动画，并对所有关键帧都做了自动贝塞尔曲线处理，效果如图 3-82 所示。

图 3-82　添加更多效果

3.3.5 保存预设

将上一小节的成片作为动画预设保存下来。按住 Ctrl 键，同时右击动画所使用的效果器，选择"保存预设"，打开"保存预设"对话框，在其中设置名称、类型等，如图 3-83 所示。

图 3-83　保存预设

保存成功后，可以在"效果"面板中找到该预设，如图 3-84 所示。

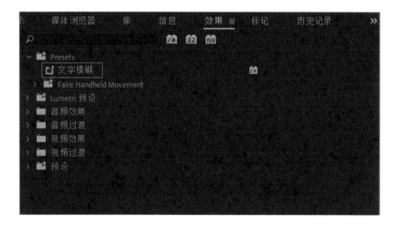

图 3-84　"文字模糊"预设

每次创建好文本后，可以直接拖动此效果器到目标片段上，这样就能实现相应的效果了。

3.3.6 第三方效果器

选中该预设并右击，在弹出的菜单中，可以选择"导入预设"和"导出预设"，实现预设的导入和导出，如图 3-85 所示。

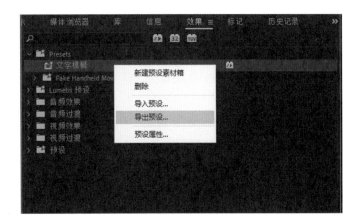

图 3-85　预设的导
入和导出

"Fake Handheld Movement"（模拟相机抖动）预设通过使用"变换"效果器
模拟相机抖动的效果，如图 3-86 所示。

图 3-86　模拟相机
抖动的效果

在各大素材网站上，可以下载更多类似的预设；也可以在 Premiere Pro 2020 中
使用第三方 After Effects 的插件特效，以实现更多效果（如 3D 文字、故障效果等）。

3.4 · 改变视频参数

大多数时候，前期拍摄的素材都会有不同程度的瑕疵，不经过后期处理很难达到预期效果。

本节将讲解后期处理中常用的参数：变速、调整分辨率和相机运动。

3.4.1 速度

近年来，剪辑视频已经离不开"变速"这个关键词。本小节将重点讲解速度的处理和关于变速的专业知识。

在进入操作环节前，首先需要清楚视频的关键帧插值方式。

在拍摄的时候，其实就已经设置了每秒拍摄的帧数。就短视频而言，一般情况会选择 60 帧 / 秒，因为这样拍出的短视频既不会占用太多的内存，又能满足慢放需求。

传统电影一般采用 23.976 帧 / 秒的帧速率。随着技术的革新，如《双子杀手》这样的电影的帧速率已经达到了 120 帧 / 秒。越高的帧速率会使画面衔接更流畅，也会使电影中的世界更接近真实的世界。

高帧速率不仅能让人感受到画面衔接的顺畅，还可以提高画面的清晰度。如果前期拍摄30帧的素材，要如何把它变成 60 帧/秒呢？输入帧速率与输出帧速率不符时，可混合相邻的帧以生成更平滑的运动效果。这里有 3 种解决方案：帧采样、帧混合和光流法。

30 帧 / 秒正好是 60 帧 / 秒的一半，需要在原视频的每一帧后面新增一帧，如画面 1 和画面 2（见图 3-87），但这样并不能解决根本问题。

| 图 3-87　帧插值

帧采样是软件默认的最稳定的插值方式，它是指简单直接地复制前一帧画面进行插值，即画面1和画面2分别与其前一帧相同。最后的效果和不插值没有区别，如图 3-88 所示。

| 图 3-88　帧采样

接下来介绍的两种插值方法都有明显的效果。

帧混合是将不透明度为一定数值的前一帧画面与不透明度为一定数值的后一帧画面叠加起来，如图 3-89 所示。

图 3-89　帧混合

通过帧混合得到的画面在播放的时候，会造成多帧模糊的情况。在该视频播放的过程中，无论何时单击暂停键，画面都是模糊的。若非万不得已，最好不使用这样的方式进行插值。

有没有一种更好用的插值方式呢？

答案就是光流法（Optical Flow），它会根据向量（相邻两帧中，每个像素点的移动路径会形成向量。）的方向和大小计算出中间值，从而创造出更加真实的帧 1.5。其原理如图 3-90 所示。

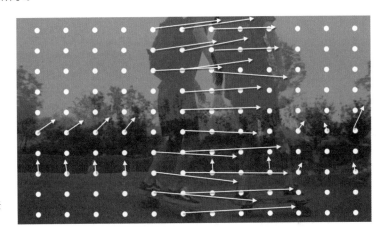

图 3-90　光流法的原理

使用光流法（左）和帧混合（右）的效果如图 3-91 所示。

图 3-91　光流法（左）和帧混合（右）

以原帧速率的一半慢放 30 帧 / 秒的素材时，软件默认使用的帧采样会使输出的最终画面不流畅，因为它将相同的画面放进了新产生的帧 1.5 里，但使用光流法能解决大部分插值问题。

然而在光线变化复杂、运动物体较多的情况下，使用光流法则很容易造成严重的瑕疵，如图 3-92 所示。

图 3-92　产生瑕疵

在轨道上放置需要转化的视频，执行"文件 > 导出 > 媒体"命令（快捷键 Ctrl+M），为视频设置更高的帧速率，然后将"时间插值"设置为光流法或帧混合，最后单击"导出"按钮即可，如图 3-93 所示。

图 3-93　"导出"设置对话框

建议大家在前期拍摄运动镜头时就设定帧速率为 60 帧 / 秒，这样可以直接使用帧采样输出正常的帧速率为 30 帧 / 秒的慢动作视频。同理，在 30 帧 / 秒的序列里慢放 120 帧 / 秒的视频，帧速率最慢可以变为原来的 1/4，如果还需要更慢，则可以考虑光流法等补帧技术。

上述内容其实都是为接下来讲解速度控制做铺垫。

下面进入具体操作环节。

第1步 回到之前的项目，把无关紧要的东西隐藏起来。将鼠标指针移至轨道窗口，按住 Ctrl 键并滚动鼠标滚轮，使轨道纵向移动，显示出轨道层 2 和 3——调整图层和图形图层，然后单击其左侧的"隐藏"按钮，如图 3-94 所示。

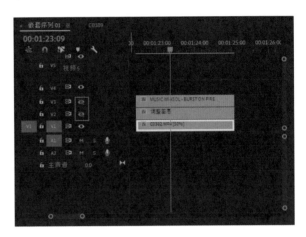

图 3-94 暂时隐藏
多余的图层

第2步 选中该视频素材片段并右击，在弹出的菜单中选择"剪辑速度 / 持续时间"（快捷键 Ctrl+R），在打开的对话框中调整速度，如调整为原来的一半就输入 50%，调整为原来的 2 倍就输入 200%。在此对话框的最后一行中，可以单独设置该素材片段的插值方式，如图 3-95 所示。

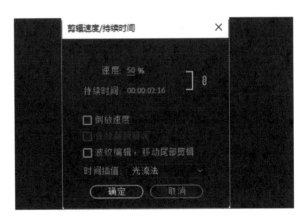

图 3-95 调整素材
片段的播放速度

除此之外还可以按 R 键，选择"比率拉伸工具" ，在素材片段边缘任意拉伸，灵活地实现速度变化。想要它慢一点儿，就拉长一点儿；反之，想要它快一点儿，则拉短一点儿。选中该素材片段并右击，在打开的菜单中选择"时间插值"，再选择"光流法"，如图 3-96 所示。

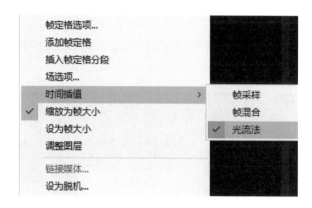

图 3-96 选择时间
插值的方式

后期贴士

　　若序列的帧速率小于或等于30帧/秒，而这个视频素材片段的帧速率大于或等于60帧/秒，则慢放时不需要使用光流法或帧混合，直接使用默认的帧采样即可。

　　接下来讲解较难理解的曲线变速部分。

　　为了便于理解，将一个 7 秒的视频素材片段改为图 3-97 所示的形式。中间的这条横线便是时间速度控制线，现在想让第 2 秒到第 5 秒的画面播放速度快一点儿，可以在这两个位置打上关键帧，如图 3-98 所示。

| 图 3-97　正常速度

| 图 3-98　打上关键帧

　　上拉线条是快放，下拉则是慢放，所以我们将中间这条线段上拉到合适的高度，如图 3-99 所示。

| 图 3-99　使中间区域快放

　　原视频的第 2 秒到第 5 秒的画面就被加速了，新视频的总时长也会缩短，即短于 7 秒。

　　曲线变速和用剃刀工具切割第 2 秒到第 5 秒的片段后，再按 R 键进行伸缩变速没太大区别。那曲线变速的优势是什么呢？

　　利用曲线变速可以拉开每一个点，使点与点之间产生过渡，如图 3-100 所示。这样的话，画面就不会突然加速，而是有一个加速的过程，从而实现更顺滑的运动效果。

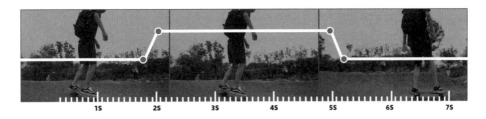

| 图 3-100　产生过渡

　　拉开的这两个点之间可形成有一定弧度的曲线，即贝塞尔曲线，如图 3-101 所示。形成贝塞尔曲线后，变速运动效果将更流畅，每个点上都会有独立的控制柄用来调节曲线的弧度，以形成需要的速度变化方式。

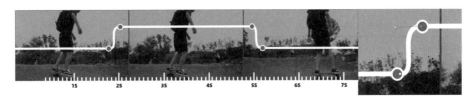

| 图 3-101　贝塞尔曲线

129

接下来进入实践环节。

第 1 步　选中需要进行时间重映射的视频素材。呼出包络线（指素材片段中的白色线条）的方法有很多，最常用的是使该视频素材的轨道变宽，如图 3-102 所示。

图 3-102　在轨道上呼出包络线

上述视频素材中出现了一条白线，这是控制音量的线。右击素材，可以将这条线的控制对象改为"速度"，如图 3-103 所示。

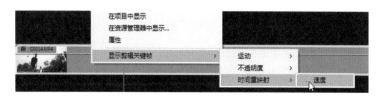

图 3-103　改变白线的控制对象

第 2 步　移动鼠标指针，使其对准此线，按住 Ctrl 键，当鼠标指针变成 后，单击即可打点，如图 3-104 所示。

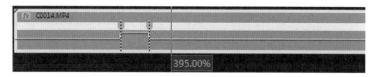

图 3-104　打点操作

第 3 步　打点后，可以通过拖动 至 形态以形成过渡，如果需要做成曲线过渡效果，则需移至"效果控件"面板中进行操作。

后期贴士

　　若遇到"不想加速第 2 秒至第 5 秒的画面，而想加速第 3 秒至第 5 秒的画面"的情况，可以按住 Alt 键，同时按住鼠标左键向右拖动左边的关键帧，更改入点。

第 4 步　在"效果控件"面板的最后一项"时间重映射"中，可以单击"速度"左边的小箭头展开详情，如图 3-105 所示。展开后，可以看到设置的两个关键帧。

图 3-105　"时间重映射"效果器

放大轨道后可以看到一条斜线，拖动手柄即可形成曲线，如图 3-106 所示。

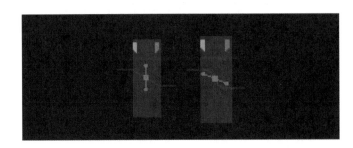

图 3-106　线性过渡（左）和曲线过渡（右）

灵活地运用曲线变速可以制造出许多创意效果，配合光流法还可以实现类似"子弹时间"的效果。

> **后期贴士**
>
> "子弹时间"（Bullet Time）是一种利用相机阵列、后期建模等手段实现的镜头特效。在电影《黑客帝国》首次使用后，"子弹时间"名声大噪。普通的变速手段也可以使效果在一定程度上接近"子弹时间"所带来的震撼感。

3.4.2　分辨率

在素材预览窗口右下角有一个下拉列表，其中有一个分数，如图 3-107 所示。

图 3-107　预览窗口

展开下拉列表后，一般可以选择"完整""1/2""1/4"，如果素材分辨率是 4K，还可以选择"1/8"，以此类推，8K 素材可以选择"1/16"。这些分数便是预览时原画分辨率的倍数，它们使用户可以更流畅地实时预览素材，并且不影响素材的导出。

如果创建了一个 1080P 的视频序列，导入了一个 4K 的素材片段，那么预览窗口中就会只出现 4K 画面的一部分区域，如图 3-108 所示。

图3-108　预览窗口中呈现的内容

为了让预览窗口显示该画面的全部内容，可以选中该素材片段并右击，在弹出的菜单中选择"缩放为帧大小"，如图 3-109 所示。这样 4K 素材在 1080P 的序列中就显示完整了。

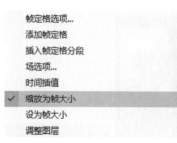

图3-109　选择"缩放为帧大小"

132

在 1080P 序列中剪辑 4K 素材的好处是可以在保证清晰度的同时，实现 2 倍的无损放大，以便重新构图，在【效果控件】的【变换】中对其缩放进行调节即可，如图 3-110 所示。

图 3-110　重新构图

在高分辨率的序列中导入低分辨率的视频，因为分辨率较低，所以画面会出现黑边，如图 3-111 所示。

图 3-111　画面出现黑边

遇到这样的情况，可以在"效果控件"面板中调整"缩放"参数，放大画面。即便最后输出的视频规格是 1080P，此视频片段的画面分辨率却达不到真正意义上的 1080P。

要想解决上述问题，一般需要花费较多的资金找专业特效团队逐帧按像素进行修复。但在本书撰写的过程中，市面上已经出现了一些 AI 修复软件，可以直接使用这些软件进行修复，在绝大多数情况下，它们输出的结果还是比较好的。

例如，Topaz Video Enhance AI 这款软件可以输出分辨率高达 8K 的视频，将需要提高分辨率的视频拖入软件，然后耐心等待它分析输出即可，等待的时间有可能稍长，但付出是有回报的。

3.4.3 相机运动

如果想要将画面（见图 3-112）向右平移，可以进行以下操作。

图 3-112　实现画面向右平移

第 1 步 展开"效果控件"面板中的"运动"选项，单击"位置"参数前的"切换动画"按钮 ，添加关键帧。随后将鼠标指针移至该素材片段的末尾，再单击"位置"参数后的"添加 / 移除关键帧"按钮 ，添加新的关键帧，并在新的关键帧处修改位置 x 坐标的数值，如图 3-113 所示。

图 3-113　调整"位置"属性

第 2 步 为了让运动效果更顺滑，全选关键帧，并在关键帧处右击，在弹出的菜单中选择"自动贝塞尔曲线"，如图 3-114 所示。

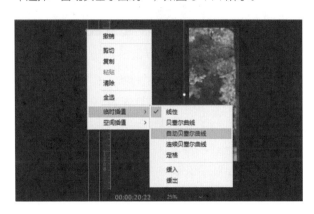

图 3-114　选择"自动贝塞尔曲线"

这样可以改变相机的运动方向，但其仅局限于平面空间。最终效果如图 3-115 所示。若需改变 z 轴方向上的运动，则需用到 After Effects 等特效软件，通过抠像和建模等方法实现。

图 3-115　最终效果

3.5 转场

转场是为了优化画面的表达，而不是为了追求绚丽的效果。用一句话来说："观众意识不到的转场就是最好的转场。"在影片中，自然且无瑕疵的转场可以让观众意识不到它的存在，但能调动观众的情绪。

本节会讲解几种常见转场的制作，也会告诉大家运用转场的时机。

3.5.1 缩放转场

片段 1 是主角和配角坐在天台上的近景镜头，片段 2 是无人机后退几十米拍摄的远景，如图 3-116 所示。

| 图 3-116　缩放转场

　　如果此处的视频节奏处于高潮，可以考虑添加缩放转场，营造出"唰"的过渡感，以增强观众的情绪。

方法一

第1步 在片段 1 的末尾处添加几个缩放关键帧，如图 3-117 所示。

| 图 3-117　处理片段 1

后期贴士

　　在做这样的转场时，关键帧始末之间的时长最好不要超过 5 帧。如果在"效果控件"面板中两个关键帧的距离太近，可以拉伸下方的滚动条调整视图大小。

第2步 在片段 1 的末尾添加缩放关键帧后，需要在片段 2 的开头做同样的操作，如图 3-118 所示。

图 3-118　处理片段 2

　　虽然勉强达到效果，但过渡不够自然，如果把关键帧的线性运动改成曲线运动，画面之间会衔接得更自然。

　　第 3 步　右击片段 1 的最后一个关键帧和片段 2 的第 1 个关键帧，分别选择"缓出"和"缓入"，如图 3-119 所示。

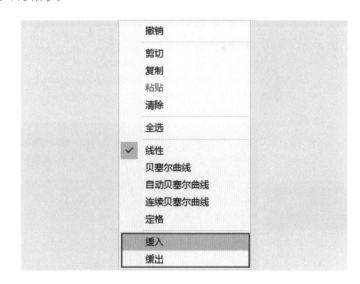

图 3-119　选择"缓出"和"缓入"

方法二

　　第 1 步　在"效果"面板中找到"变换"效果器。在"变换"效果器中，按照方法一修改其中的"缩放"参数（见图 3-120），并使用"缓入""缓出"效果。

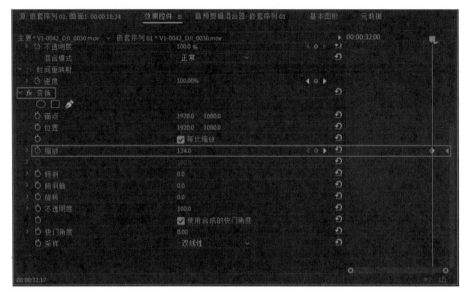

| **图** 3-120   修改"缩放"参数

第2步 与方法一不同的是，这里需要更改"快门角度"的值，如图 3-121 所示。

| **图** 3-121   更改"快门角度"

当把鼠标指针移动到两个关键帧之间时，效果如图 3-122 所示。

图 3-122　更改"快
门角度"后的效果

通过对比可以看出，若使用方法二，两个关键帧之间的画面会出现明显的快门模糊，这会使画面更有冲击力，也更自然，如图 3-123 所示。

图 3-123　不使用快
门角度（上）和使用
快门角度（下）

3.5.2 梯度变速

梯度变速是比较流行的转场，常用于快剪视频中，如图 3-124 所示。

| 图 3-124　梯度变速

片段 1 和片段 2 都有由左向右移动的趋势，在拼接的时候，可以让片段 1 的末尾
突然加速，紧接着让片段 2 的开头突然停止加速。

第 1 步 在"时间轴"面板中，将两个片段拼接在一起后，按 C 键选择"剃刀工具" 🗡，将片段 1 的最后几秒和片段 2 的前几秒切割开，如图 3-125 所示。

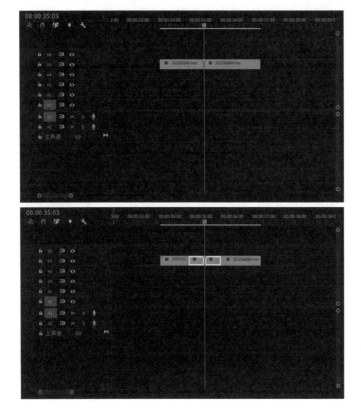

图 3-125 切割素材

第 2 步 按住 Shift 键的同时，连续选择这两个素材片段后右击，在弹出的菜单中选择"嵌套"，并设置嵌套序列名称，如图 3-126 所示。

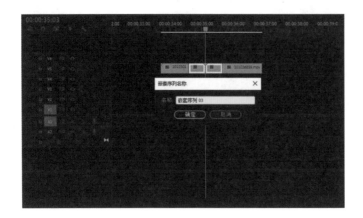

图 3-126 设置嵌套序列名称

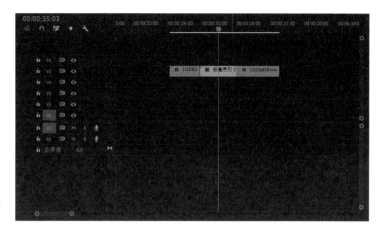

图 3-126　设置嵌
套序列名称（续）

第 3 步　按照以拉长该视频轨道的方式呼出时间控制线的方法打开时间控制线，并进行图 3-127 所示的调整。

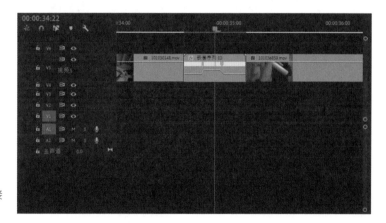

图 3-127　对衔接
处进行变速处理

完成上述操作后，画面会在两个片段的衔接处加速，然后恢复到正常速度，这样可以营造出比较强的节奏感。

3.5.3　遮罩转场

遮罩转场是剪辑行业中用得比较多的转场技巧，合理运用遮罩，可以实现场景间镜头的无缝衔接。

在片段 1 中，相机跟随人物向左运动，前景中的树贯穿全程；在片段 2 中，人物从左往右运动。使用遮罩转场，可使两个片段中人物的运动方向保持一致，如图 3-128 所示。

| 图 3-128 遮罩转场

第1步 通过分析，可以选用片段 1 中的树作为遮罩，引出片段 2。在轨道上重叠两个片段，重叠部分的起点即是片段 1 中那棵树刚好要出现的时刻，如图 3-129 所示。

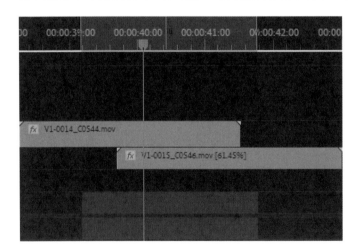

图 3-129 重叠

第2步 把鼠标指针移动到重叠部分的中间，并对上层轨道的片段进行遮罩处理。在"不透明度"中选择"钢笔工具"，沿着树的边缘勾勒，并包住一侧的画面，如图 3-130 所示。

图 3-130 新建蒙版

图 3-130　新建蒙版（续）

第 3 步　单击“蒙版路径”前的“切换动画”按钮，开始记录关键帧。移动鼠标指针至重叠部分的起点，拖动遮罩使其能包裹住整个画面，如图 3-131 所示。

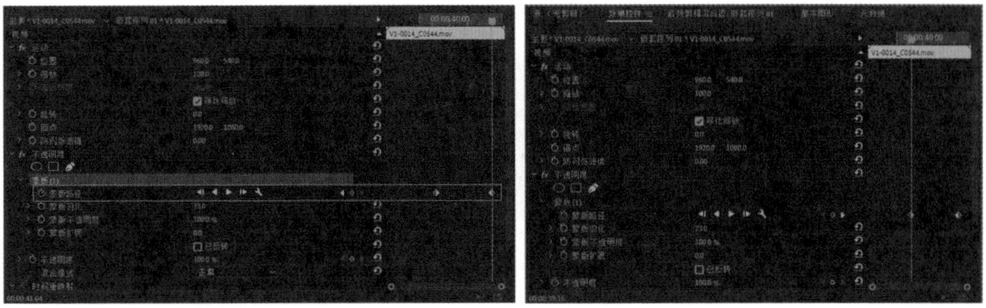

图 3-131　为“蒙版路径”添加关键帧

第 4 步　移动鼠标指针至两个关键帧中间，观察蒙版的边缘和这棵树的边缘是否对齐，若没有对齐，则需手动调整，如图 3-132 所示。

图 3-132　调整关键帧

图 3-132　调整
关键帧（续）

第5步　多次逐帧调整至完全跟随为止。调整好后，最终效果如图 3-133 所示。

图 3-133　最终效果

3.5.4　渐变擦除

渐变擦除是一种简单且炫酷的转场效果，对场景的要求不高，一般用于主体与背景对比强烈的镜头，如图 3-134 所示。

图 3-134　渐变擦除

第 1 步 画面 1 需要和画面 2 衔接在一起，画面从白天瞬间变成晚上，直接衔接会略显生硬。考虑到这是一个快节奏的短视频，可以用渐变擦除的效果进行衔接。原始素材如图 3-135 所示。

图 3-135　原始素材

第 2 步 把画面 2 对应的片段放在画面 1 对应的片段所在轨道的上方，使二者部分重叠，如图 3-136 所示。

图 3-136　重叠素材
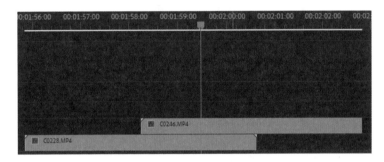

第 3 步 在"效果"面板中找到"渐变擦除"效果器，将其拖至画面 2 对应的片段上。在重叠部分的起点和终点分别打上关键帧，调整"过渡完成"的参数，如图 3-137 所示。

图 3-137　调整渐变擦除的参数

根据具体画面调整"过渡柔和度"，直至获得想要的转场效果。

3.5.5 光效转场

在一些唯美或节奏缓慢的视频中，为了不让画面过渡显得生硬，可以加入光效转场。如图 3-138 所示。

图 3-138　光效转场

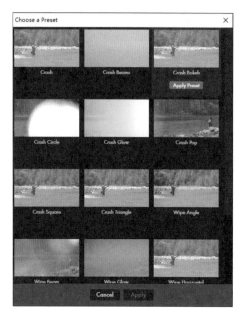

图 3-139　HalfLight 转场预设

实现这样的转场有两种方法。

方法一

使用 Red Giant Uni-verse 插件，直接使用 HalfLight 转场预设即可，如图 3-139 所示。

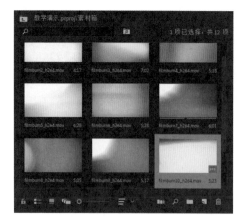

图 3-140　光效素材

方法二

在网上搜索带"光效""光斑"等关键词的素材，下载并使用，如图 3-140 所示。

第1步 将光效素材叠加在两条视频素材的衔接处，并在两条视频素材之间增加交叉淡化转场，在光效素材的开始处和结束处各增加一次交叉淡化转场，如图 3-141 所示。

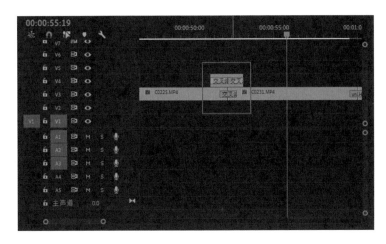

图 3-141　增加
交叉淡化转场

第2步 选中上层的光效素材，在"效果控件"面板中，将"混合模式"改为"变亮"，同时降低不透明度，如图 3-142 所示。

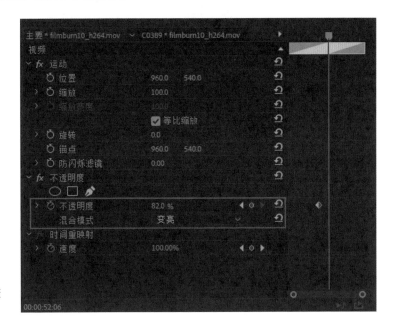

图 3-142　改变
属性

将"混合模式"改为"变亮"，可以使当前素材的纯黑区域变透明，以显示下一图层的内容。巧用混合模式能实现很多艺术效果。

3.6 调色

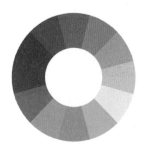

调色是视频剪辑的点睛之笔，可以说既简单又复杂。

可以在视频里套一个好看的 LUT，再调整曲线和饱和度等基本参数，这属于一级调色；也可以进行局部微调和风格化调色，以及考虑颜色的组合等问题，这属于二级调色。

在正式学习调色前，需要认识色彩。色轮如图 3-143 所示。

| 图 3-143 色轮

红色和绿色是一组对比色，在画面中会形成强反差，如图 3-144 所示。同理，蓝黄、青橙也属于对比色。强对比色能更好地凸显画面主体。但要注意，在搭配对比色时，应尽量降低其饱和度，以使对比不过于强烈。

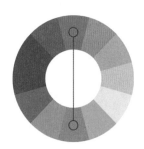

图 3-144 对比色

相邻色配色是比较温和的配色方案，如图 3-145 所示。

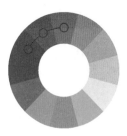

图 3-145 相邻色

介于对比色的强冲击力和相邻色的弱冲击力之间的是间隔色配色，它是视觉冲击力适中的配色方案，如图 3-146 所示。

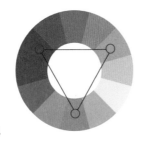

图 3-146　间隔色

这里引出了新的名词——饱和度（Saturation）。与之同样重要的名词还有色相（Hues）和明度（Brightness）。

色相代表整个颜色，明度指颜色的亮度，而饱和度指颜色的鲜艳程度，如图 3-147 所示。

图 3-147　色相、明度和饱和度

色相　　　　　　　明度　　　　　　　饱和度

使用 Premiere Pro 进行一级调色，对画面整体进行调整。切换到"颜色"工作区，在默认的"颜色"工作区中，预览窗口变大了，"时间轴"面板变小了，右侧多了一个"Lumetri 颜色"面板，如图 3-148 所示。

图 3-148　"颜色"工作区界面

在"Lumetri 颜色"面板中，可以打开"基本校正"，对色温、对比度等基本参数进行修改。只要其中任意一个参数发生了改变，界面左上角的"效果控件"面板中就会多了一个"Lumetri 颜色"效果器，如图 3-149 所示。

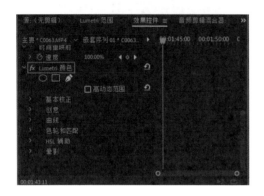

图 3-149 "Lumetri 颜色"效果器

"Lumetri 颜色"是一个拥有独立窗口的效果器，结合关键帧和蒙版可以实现特殊效果，如使视频中特定元素的曝光程度从暗变亮等。

使用 S-Log2 模式拍摄的视频可以手动还原色彩，也可以直接使用官方的 LUT（索尼 S-Log 2 to Rec.709）进行还原。

在"基本校正"中，可以选用从互联网上下载的 LUT 进行色彩还原；在"创意"中可以把自己调好的参数模式导出成 LUT（单击"Lumetri 颜色"选项卡右侧的■按钮，在弹出的菜单中选择"导出 .look"即可），如图 3-150 所示。

图 3-150 导入 / 导出 LUT

使用"色相与色相"工具，单击右侧的"小吸管"工具，再单击画面中的绿色，上下拖动"色相与色相"中自动生成的点，如图 3-151 所示，改变色相，即可将绿色变为橙色。

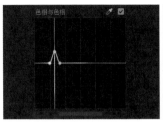

图3-151　拖动点改变色相

后期贴士

如果有多条场景相同或相似的素材，可以套用同一个调色方案。在"效果控件"面板中，单击"Lumetri 颜色"后，按快捷键 Ctrl+C 进行复制，在选中目标素材后，按快捷键 Ctrl+V 进行粘贴。

如果将同一个视频在时间轴上分割成多个片段，就不用再反复执行复制、粘贴命令，只需要在"效果控件"面板中，单击"Lumetri 颜色"，并按快捷键 Ctrl+X 进行剪切，随后单击"主要 *C0063.MP4"（见图 3-152）后按快捷键 Ctrl+V 进行粘贴。这项操作会对该视频的源文件参数做出全局更改，当再次使用这个视频的某个片段时，调色也会生效。

图3-152　对该视频的源文件参数做出更改

Premiere Pro 可以胜任多数一级调色的工作，但它在调色方面的能力并不出众。下面，笔者会用到 Davinci Resolve 这款调色软件，同时结合案例，带领大家熟悉这款软件的调色流程，并逐一讲解有关曲线、示波器等的调色知识。

3.6.1　基本流程

本小节将介绍软件 Davinci Resolve（下文称"达芬奇"），这是一款集剪辑、特效、制作和调色功能于一体的专业软件。它在调色方面有着出色的表现，很多短视频创作者在用 Premiere Pro 剪辑视频前，会先将视频导入"达芬奇"进行调色，接着将其导入 Premiere Pro 进行剪辑或添加特效，最后输出。

"达芬奇"的工作界面和大多数后期软件一样，有"轨道""预览""效果器"等窗口。值得注意的是，"达芬奇"的工作区切换按钮在底部位置。在标注的红框中，这些按钮分别对应"剪辑""特效""调色""配乐""输出"工作区，单击不同的按钮，界面中会出现截然不同的布局，工作区切换按钮如图 3-153 所示。本小节只讲解"调色"工作区。

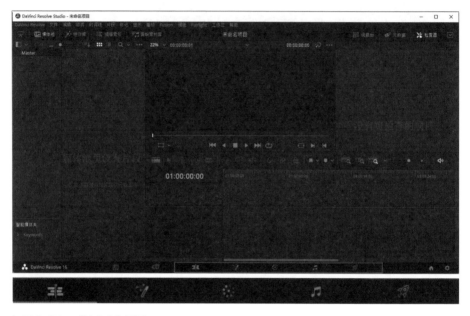

图 3-153 "达芬奇"界面

调色开始前，需要在时间轴上放置需要调色的素材。

红框标注的区域是"达芬奇"的媒体池，将素材直接拖至媒体池，然后将媒体池里的素材拖至时间轴上，"达芬奇"会为其自动创建时间线（对应 Premiere Pro 中的序列），如图 3-154 所示。

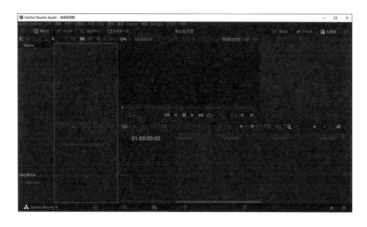

图 3-154 在"达芬奇"中新建时间线

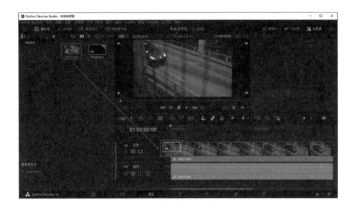

图 3-154 在"达芬奇"
中新建时间线(续)

其余的操作步骤与 Premiere Pro 大同小异,这里就不再赘述了。

接下来讲解如何将已经在 Premiere Pro 中剪辑好的序列导至"达芬奇"的时间轴上。由于格式的限制,不同的剪辑软件几乎不能互相连通,XML 格式文件在不同的剪辑软件之间建立了桥梁。

第1步 在 Premiere Pro 中执行"文件 > 导出 >Final Cut Pro XML"命令,如图 3-155 所示,将此序列导出。

图 3-155 导出 XML
格式文件

第2步 回到"达芬奇",在媒体池中双击鼠标右键,在弹出的菜单中执行"时间线 > 导入 >AAF/EDL/XML"命令(见图 3-156),然后选择刚才导出的 XML 格式文件。

图 3-156 导入 XML
格式文件

第3步 在弹出的对话框中确认时间码、分辨率等信息无误后，单击"OK"按钮，如图 3-157 所示。

图3-157　加载 XML 格式文件

成功导入 XML 格式文件后，会看到一些深红色片段，如图 3-158 所示。这些片段都是 Premiere Pro 的特殊图层，如图形图层和调整图层等，这些图层在"达芬奇"中无法显示，先依次删除，然后打开"调色"工作区，开始调色工作。

图3-158　成功导入XML 格式文件

"达芬奇"的"调色"工作区和 Premiere Pro 的比较像，它也是由几个独立的区域组成的，但和 Premiere Pro 不一样的是，每个区域的大小和位置是固定的，如图 3-159 所示。在操作逻辑上，Premiere Pro 等众多后期软件是基于图层进行操作的，而"达芬奇"是基于节点进行操作的。

| 图 3-159　"达芬奇"的调色工作区

1. 区域 1

区域 1 的使用次数相对较少，单击顶部不同的按钮，可实现"画廊""LUT""媒体池""时间线"的切换。"画廊"中显示了该项目所保存的静帧，一般用来做色调统一分析。"LUT"中有很全面的颜色还原预设，大部分使用 Log 模式拍摄的视频都可以在这里找到还原 LUT。"媒体池"包含了该项目所用到的所有素材。单击"时间线"，区域 3 下方会出现一个"迷你版"时间轴，如图 3-160 所示。

| 图 3-160　时间轴

在调色过程中，较少调出时间轴，因为"达芬奇"是基于节点进行调色的。

2. 区域 2/ 区域 3

区域 3 依次显示了所用到的视频片段，单击其中一个片段，可以在区域 2 中进行节点操作。

把标记处称为一个节点，每增加一个节点，就可以为其增加一种独立的效果，如图 3-161 所示。

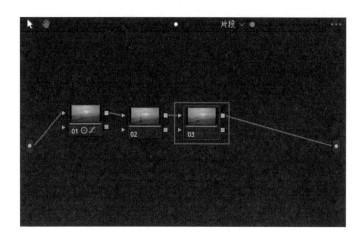

图 3-161 增加新的节点

在节点 01 中进行基础的光线修正，然后在"LUT"中将索尼 S-Log2 的还原 LUT 拖到节点 02，再在节点 03 中压暗高光，最后在节点 04 中细化颜色，如图 3-162 所示。

| **图 3-162** 调色流程

| 图 3-162　调色流程（续）

上述操作就像在 Premiere Pro 中把多个调整图层叠加在一起，这类叠加方式在"达芬奇"中叫串行节点，其快捷键是 Alt+S。在"达芬奇"中常用的节点连接方式还有并行节点，其快捷键是 Alt+Y，如图 3-163 所示。

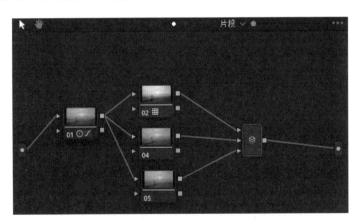

图 3-163　并行节点

右击其中一个节点，然后依次单击"新增串行 > 并行节点"，就可以完成新节点的创建。

在串行节点的工作模式下，每一个新增的节点都会在上一个节点的画面的基础上进行调色。在并行节点的工作模式下，每一个新增的节点都将公用父节点的画面数据。在图 3-163 中，节点 02、04、05 都是在节点 01 的画面的基础上进行调色的。

也可用串行节点进行这样的调色操作：在节点 01 中把画面色调调为暖色调，然后在节点 02 中选中红色并将其改为紫色，在节点 03 中选中绿色的叶子并将其改为黄色，如图 3-164 所示。

| 图 3-164 用串行节点进行调色

如果觉得画面色调偏暖，想在节点 01 中给画面添加少许冷色调，那么节点 02 和节点 03 亦会受到影响，如图 3-165 所示。

图 3-165 被影响后的色调

节点 01 的色调发生了变化，受原色调信息影响的节点 02 和节点 03 会从新的节点 01 中采集数据，所以会出现上述问题。

但如果用并行节点的方式，使几个节点的父节点都保持一致，那么无论怎样改变节点 01 的色调，节点 02 和节点 03 都不会受到影响，如图 3-166 所示。

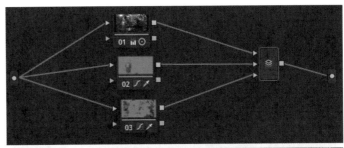

图 3-166 改为并行
节点后的色调

3. 区域 4

在节点上的操作都是在区域 4 中实现的。区域 4 中有许多调色工具，如曲线、色轮、通道、蒙版、跟踪器等，接下来会依次讲解。

3.6.2 日系小清新风

素雅、通透、白……这些关键词可以贴切地描述日系小清新风摄影作品。本小节会用几个基本的调色工具调出简单的日系小清新风。原风格与日系小清新风对比效果如图 3-167 所示。

图 3-167 原风格与日系小清新风

在偏日系的画面的直方图中，主要的像素信息都在右侧，也就是说，阴影区域的像素信息较少，更多的像素信息都集中在高光区域。

第1步 打开原图的直方图，如图 3-168 所示。

图 3-168　原图的直方图

在"达芬奇"的直方图中，RGB 3 个颜色通道是相互分离的，这样能更直观地展示 R、G、B 这 3 个通道的像素信息分布情况。在直方图中，中间调区域的像素偏多，而在高光区域，画面有部分像素过曝。

第2步 单击"曲线"按钮，打开曲线信息图，直方图信息在该曲线信息图底部，正好对应曲线的阴影、中间调和高光区域，如图 3-169 所示。

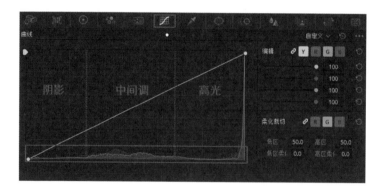

图 3-169　曲线信息图

在曲线上单击打点，通过上下移动这个点，来改变这个区域的亮度。如果打错了点，右击这个点即可取消。图 3-170 中的曲线呈 S 形，高光区域更亮，阴影区域更暗。高反差曲线可以营造出明显的对比效果，但此时画面并没有达到日系小清新风的效果，如图 3-171 所示。

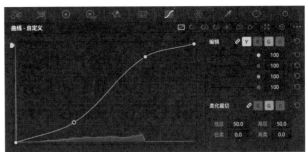

图 3-170　调整曲线 1

图 3-171　效果图

为了提亮阴影区域,降低对比度,需重新调整曲线,如图 3-172 所示,效果如图 3-173所示。

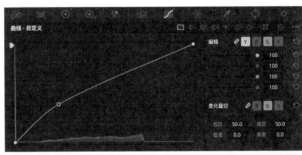

图 3-172　调整曲线 2

图 3-173　效果图

161

这时画面效果就大致接近日系小清新风了，但曲线有时并不能精准地控制阴影、中间调、高光区域的曝光度。

切换至"校色轮"，通过滚动每个色轮下方的滚轮，可实现亮度的精准调节；同时，也可以在这里适当地调整饱和度、色相等参数，如图 3-174 所示，效果如图 3-175 所示。

图 3-174　调整色轮

图 3-175　效果图

为了使画面更通透，还可以增加节点，对肤色和特定区域的颜色进行局部调整。例如，使蓝色像素偏向青色，将肤色提亮并使其偏向淡黄色，同时也可以运用后面将讲到的"窗口"工具来增强光感。

3.6.3　赛博朋克风

充满深粉、亮蓝等颜色和霓虹灯等元素的风格是近年来流行的赛博朋克风。大家通过本小节的讲解，将深入了解节点、曲线和范围选择工具的运用方法。原风格与赛博朋克风对比效果如图 3-176 所示。

图 3-176　原风格与赛博朋克风

第 1 步 该视频素材是使用索尼 S-Log3 模式拍摄的，直接在节点 01 中应用相应的还原 LUT。

第 2 步 在节点 01 中进行基础的颜色校正。观察"示波器"中的"分量图"，可以看到画面的大部分像素信息都集中在阴影和部分中间调区域，回到"色轮"中，提亮部分阴影和中间调区域，如图 3-177 所示。

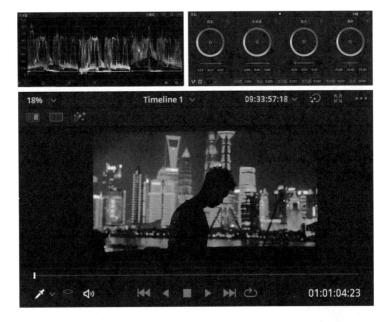

图 3-177　基础的颜色校正

后期贴士

可以注意到，图 3-177 中左上角的示波器内容由直方图变成了分量图。

分量图可以更好地辅助调色，红、绿、蓝 3 种颜色正好对应了 RGB 3 个通道。在分量图中，如果像素信息超出顶部则代表图片过曝，如图 3-178 所示；如果超出底部则代表欠曝，如图 3-179 所示。

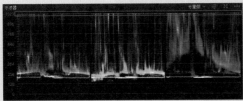

图 3-178　过曝

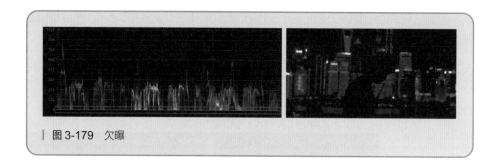

图 3-179 欠曝

第3步 新增一个串行节点 02，并在节点上进行风格化调色。在"色轮"中找到色温和色调信息，使画面色温偏冷一些、色调偏紫一些，如图 3-180 所示。

图 3-180 调整色温、色调

第4步 消除画面中除了深粉和亮蓝外的其他颜色。选择"曲线"，并单击下方的第二个小圆点切换至"色相 vs 色相"，如图 3-181 所示。

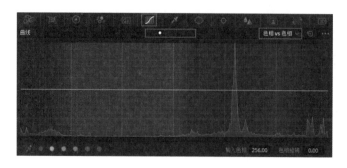

图 3-181 切换至"色相vs色相"

"色相 vs 色相"通过选择特定的颜色改变色相；"色相 vs 亮度"可以改变颜色的亮度，如将整个画面中的黄色提亮等；"亮度 vs 饱和度"可以改变颜色的饱和度，如将画面中阴影区域的饱和度压低等。

如果需要将画面中的黄色改为其他颜色，可在"曲线"中找到黄色区域，然后在整个黄色区域中单击 3 次打上 3 个点，上下拖动中间的点可以改变色相，如图 3-182所示。

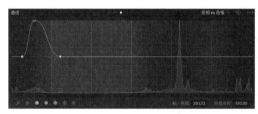

图 3-182 改变色相

后期贴士

可以直接单击画面中的某种颜色，软件会自动在曲线上打点。软件自动打点后，需要手动调整曲线来获得理想的效果。

画面中的部分黄色像素信息开始偏向粉色了，但仍然不够理想。

有没有一种办法可以选中所有黄色像素信息，然后一次性改变其色相呢？可以使用限定器。

第 5 步 新增一个并行节点 03，如图 3-183 所示。下面将在这个节点中，改变所有黄色像素信息的色相。

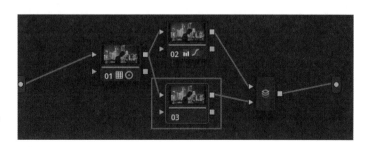

图 3-183 新增并行节点

单击"限定器"，然后依次单击"吸管"和"拾色器"，如图 3-184 所示。

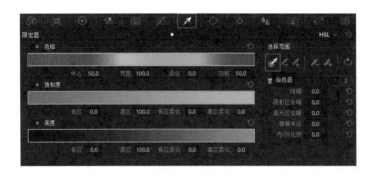

图 3-184 限定器

单击画面中的黄色像素信息，节点 03 的缩略图变得像一个蒙版，显示限定区域，如图 3-185 所示。

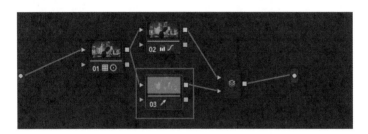

图 3-185 节点中显示限定区域

在这个"蒙版"中，灰色部分是未被选中的区域，而其他有颜色的部分则是被选中的黄色像素信息。为了看得更清楚，可在预览窗口中单击"标记"按钮，如图 3-186 所示。

图 3-186 预览窗口中显示的限定区域

画面中的大部分黄色像素信息都被选中了，如果没有完全选中，可以回到"限定器"，通过 ◢ ◢ 按钮，反复点选画面信息，如图 3-187 所示。

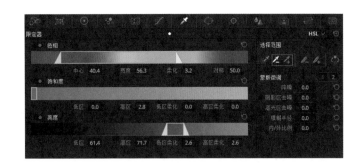

图 3-187　减小 / 增
大限定区域

后期贴士

　　当使用"限定器"时，很有可能无法完整地选择所有颜色，或手误多选定了
不需要选定的颜色，也可能因为去掉某种颜色而少选定了需要选定的颜色。解决
方法一是通过"窗口"（后文将讲到）限定区域，二是在"蒙版"中微调"降噪"
参数，三是放弃"限定器"，使用"曲线"来调整。

第 6 步　在选择所有黄色像素信息后，回到"曲线"，直接上下拖动直线，改变整
个选定范围内的色相至理想效果，如图 3-188 所示。

图 3-188　使用"曲
线"改变色相

还可以新增一个并行节点 05，在节点 05 中，改变画面中红色像素信息的色相，如图 3-189 所示。

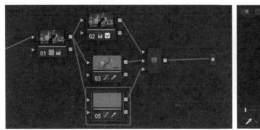

| **图** 3-189　改变红色像素信息的色相

第7步 在这 3 个并行节点的后方新增一个串行节点，在这个节点中进行最后的风格化调色工作，如图 3-190 所示。

图 3-190　风格化调色

压暗部分阴影区域，提亮部分中间调和高光区域，并把阴影色轮中间的小圆点往蓝色方向移动。

为了模拟霓虹灯效果，回到"曲线"，单击"Y"（明度），向上拖动白色的小圆点，提升高光区域的曝光度，如图 3-191 所示。

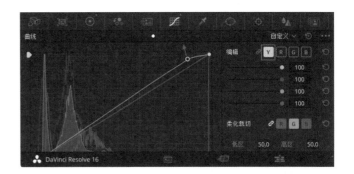

图 3-191　模拟
霓虹灯效果

完成上述操作后，赛博朋克风就成形了，然后选择一种 LUT 格式进行导出，如图
3-192 所示。

图 3-192　导出
为 LUT 格式

3.6.4　欧美暗调

本小节会用到一个常用的调色工具——窗口。

欧美暗调的特点是低亮度、高对比度、暖色调、人物主体突出。原风格与欧美暗
调对比效果如图 3-193 所示。

图 3-193　原风
格与欧美暗调

第 1 步 基础调色。在这一步中，需要使整个画面的光线和颜色变均匀，以分量图为标准，提亮阴影区域，压暗高光区域，如图 3-194 所示。

图 3-194　基础调色

第 2 步 风格化调色。使用快捷键 Alt+S，新增一个串行节点，在节点 02 中，提高位于"色轮"下方的饱和度。为了让画面更暖，调节"色相 vs 色相"，将绿色像素改为黄绿色，如图 3-195 所示。

图 3-195　风格化调色

　　为了削弱画面中部分高光, 同时压暗人物肌肉上的部分光线, 回到"曲线", 选择"Y"(明度), 然后在人物肌肉上单击取色, 此时曲线上会出现几个颜色不同的点, 每个点的位置都对应了点选区域所处的明暗位置, 向下拖动白色的小圆点, 就可以将画面光线压暗, 如图 3-196 所示。

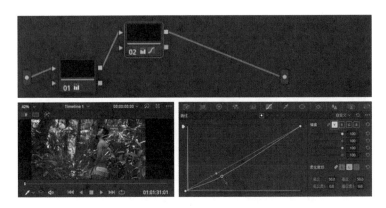

图 3-196　压低特定区域的亮度

　　通过观察可以发现, 画面中大部分光线都集中在左上角, 而人物主体和周围背景都比较暗, 如图 3-197 所示。

图 3-197　画面的光线分布问题

第3步 调整画面的光线布局。

有没有什么办法可以把人物单独选定，然后只对选定的区域进行调色？可以使用"窗口"工具。

使用快捷键 Alt+Y，新增一个并行节点 04。在节点 04 中，单击"窗口"按钮◉，选择"圆形工具"。这时画面中会出现椭圆形，调整椭圆的大小和位置，使人物处于椭圆形范围内，如图 3-198 所示。

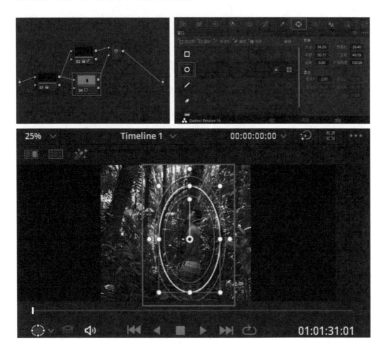

图 3-198　新增椭圆窗口

在节点 04 的缩略图中可以看到，画面变得像蒙版一样。同样可以通过单击"标记"按钮，仅显示选定范围，如图 3-199 所示。

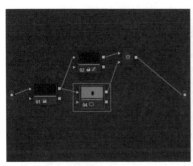

图 3-199　突出显示人物

　　突出显示人物后，可以看到椭圆形边缘颇为明显，如图 3-200 所示，如果直接提升曝光度，画面会显得很不自然。

图 3-200　椭圆形
边缘明显

　　回到椭圆形窗口，拖动椭圆形周围的小红点，增大其羽化值，这样过渡就会更自然了，如图 3-201 所示。

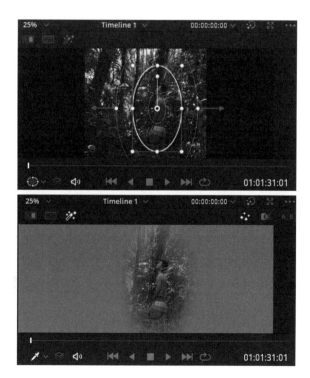

图 3-201　增大椭
圆形的羽化值

接下来直接回到"曲线",适当提升曝光度,如图 3-202 所示。

图3-202 提升
曝光度

后期贴士

如果想看调色前后对比效果,可以单击视频预览窗口右上角的按钮 。

如果只想看单个节点的前后对比效果,可以单击节点数字 隐藏或显示节
点效果。

在这个画面中,因为光线是从左上方照向右下方的,所以如果单独提亮中间区域,
画面会显得不自然,这时可以再新增一个并行节点 05。在节点 05 中,选择"渐变",
调整其位置和大小,如图 3-203 所示。

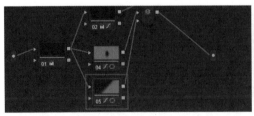

图 3-203 使用渐变工具

图 3-203　使用渐变工具（续）

适当提亮中间调、高光区域，模拟阳光斜射的效果。

第4步 增加暗角，营造更强烈的高反差效果。选中 4 个角，然后把曲线压低，暗角的效果就出来了。

为了让 4 个暗角的明度更加均匀，可在新增的并行节点 06 中新建一个椭圆窗口，选定大部分画面，并增大其羽化值，如图 3-204 所示。

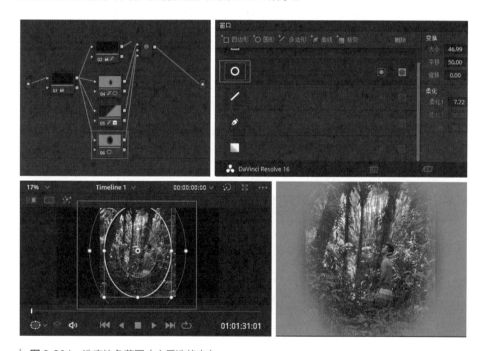

图 3-204　选定边角范围（未反选状态）

如果选定的区域不是想要的 4 个角，只需要单击"反选"按钮▣，这时选定的区域就正好是边角区域了，如图 3-205 所示。

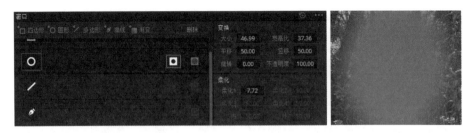

| 图 3-205 选定边角范围（反选状态）

在"曲线"中，压低曝光度，暗角的效果就出来了，如图 3-206 所示。

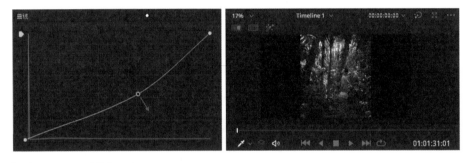

| 图 3-206 压暗边角

3.6.5 黑金色调

风格化调色方式随着流行趋势的变化而不断更新，其中就包括黑金色调。原色调与黑金色调对比效果如图 3-207 所示。

| 图 3-207 原色调与黑金色调

第 1 步 在节点 01 中进行色彩还原和基础调色，然后建立一个串行节点 02。在节点 02 中，使用"色相 vs 饱和度"工具，把黄色以外的所有颜色的饱和度都拉到最低，如图 3-208 所示。

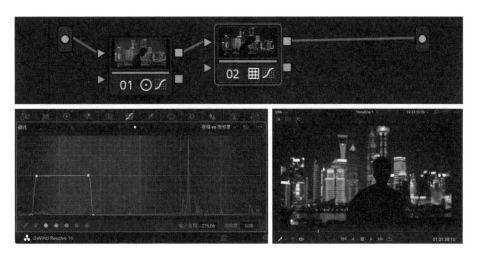

图 3-208　使黄色以外的所有颜色失色

第 2 步　增加一个串行节点 03，在节点 03 中，把暗部色轮中的小圆点往青蓝色方向拉，把亮部色轮中的小圆点往橙色方向拉，如图 3-209 所示。

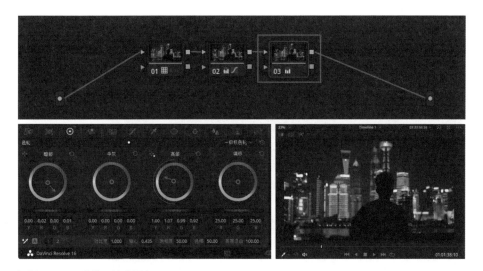

图 3-209　整体风格化调色

完成上述操作后，简单的黑金色调就制作完成了。仔细观察画面会发现，部分建筑发"黑"了。原因是这些建筑不是黄色的，而我们把不是黄色的部分的饱和度都拉低了，这些建筑失去了本身的颜色，就会发"黑"。

要解决这个问题，同时使画面拥有丰富的光线，可以打开"色相 vs 色相"，或者使用"限定器",选中其他颜色的像素信息,然后把这些颜色变成黄色。

3.6.6 青橙色

青橙色是部分影视剧比较爱用的颜色。其调色过程较简单,只需一步。原色调与青橙色对比效果如图 3-210 所示。

图 3-210 原色调与青橙色

在节点 01 中对画面进行基础调色,确保曝光度和颜色均匀正常后,增加串行节点 02。在节点 02"曲线"的"色相 vs 色相"中,单击底部的黄色和蓝色,分别拖动两个小圆点,使画面颜色呈现出橙色和青色的搭配即可,如图 3-211 所示。

图 3-211 调色

希望大家可以参考本书后续的调色实战案例,多尝试调色,最后逐渐形成有自己特色的调色风格。

3.7 声音的处理与配乐

当拥有大量的前期声音素材时，后期必须对其进行优化，如选择合适的配乐与音效来丰富视频的内容。本节将从配乐选择、声音录制、声音剪辑、声音处理这 4 个方面入手，讲解如何高效地处理短视频的声音部分。

3.7.1 配乐选择

配乐在影视艺术创作中占重要位置，它往往能起到烘托氛围、表达情感与升华主题的作用，合适且优秀的配乐能极大地丰富影片的内容。但在短视频创作中，由于各方面的限制，创作者并不能为每一个短视频都定制配乐。在巨大的互联网曲库中挑选合适的配乐，成了短视频创作者的较优选择。

短视频创作者要想高效找到合适的配乐，一方面要有丰富的曲库，另一方面要使用有效的寻曲方法。

笔者基于平时寻找短视频配乐的经验，总结了几种常用的寻曲方法，以帮助大家提高短视频配乐的选择效率。

1. 场景关键词提取法

场景关键词提取法是快速确定配乐类型的方法之一，在确定配乐的相关关键词后，只需要在各大音乐软件上，搜索该关键词，就能快速找到符合场景要求的配乐。

在选择配乐前，需反复观看视频，从视频中提炼所要表现内容的关键信息。这些关键信息主要包括时间、地点、人物心情与状态、环境等。

一些常见关键词如下。

时间： 清晨、午后、下午、傍晚、夜晚、午夜等。

地点： 房间、街道、都市、沙滩、海面上、天空、太空等。

人物心情： 轻松、愉快、悲伤、忧郁、失落、孤独等。

人物状态： 学习中、思考中、旅行中、玩乐中、回忆中等。

环境： 天气状况、动物叫声、车辆经过、风吹过等。

上述关键词并不是完全固定与独立的，而是多变与相互关联的。这里只是提供几个关键词提炼的方向与思路，具体操作要根据实际情况而定。

2. 音乐类型与风格选曲法

在了解此方法之前，应该先明确音乐类型与音乐风格的定义。例如，摇滚乐就是一种音乐类型，而其中的英伦摇滚、乡村摇滚、重金属等则是音乐风格。

音乐类型与风格选曲法相较于场景关键词提取法门槛更高。要想通过音乐类型和风格挑选适合短视频的歌曲，需要具有部分基础的音乐知识和一定的听歌量。

表 3-3 列举了标准音乐类型 / 风格对应的情绪，表 3-4 列举了短视频常用音乐对应的情绪 / 场景。

表 3-3　标准音乐类型 / 风格与情绪的关系

音乐类型 / 风格	情绪
赞美诗	精神意识超然、缓解痛苦
古典钢琴	轻盈、幻想
新世纪音乐	时间与空间扩展、超脱
传统爵士、布鲁斯、放克、雷鬼	欢快、嘲讽
拉丁系——伦巴、桑巴	性感、热烈、心跳加速
流行音乐、乡村音乐（民谣）	美好、动感
摇滚乐、嘻哈	叛逆、好斗、宣泄、释放压力

表 3-4　短视频常用音乐与情绪 / 场景的关系

音乐	情绪 / 场景
流行电子舞曲（EDM）——Progressive House/Tropical House/Future Bass/Melodic Dubstep	激动人心的生活、旅行类
电子音乐——Chillout/Ambient，流行音乐——速度缓慢、乐器单一、旋律简单、唱腔空灵	思考、安静、洗涤心灵、自然
Jazz Hiphop/Lofi Hiphop/Nu Jazz/ Post-Rock/ 轻快的 Progressive House，日系单一器乐纯音乐	工作学习时、悠闲生活旅行类
Garage Rock 等非另类摇滚，励志类影视剧配乐	奋斗、励志类
史诗、大型现代交响乐队（中西方）	庄严、宏伟，记录国家和地区发展类
红白机时期电子游戏音乐，日本和好莱坞动画、舞台喜剧滑稽音乐，传统山歌，民歌	搞笑类
Synthwave/Disco/DreamPop/CityPop/Britpop / Post-Rock /Funk/Lofi Hiphop/ Boom Bap 等，各种 Pyschedelic 音乐	都市复古风滤镜、丧气、叛逆
传统爵士 /Vocal Jazz/Swing/reggare，美好生活 / 爱情类影视剧音乐，流行音乐——情歌 / 独立乐队	欢快、温暖、未来憧憬类
Gypsy Jazz/ Flamenco 等拉丁系音乐，流行电子舞曲	热情、奔放、自由

仔细观察表 3-4，不难发现，流行电子舞曲（EDM）、摇滚（Rock）、爵士（Jazz）、嘻哈（Hiphop）等是当今较为流行的音乐类型，其特点是较为大众化，有记忆点。

如果短视频的配乐并不出众和流行，那反倒可能会形成自己的独特风格，制造一种粉丝"闻乐识片"的现象，并生成热门歌曲清单。

另外，音乐类型与风格只是音乐的分类依据之一，现如今越来越多的音乐融合了多种风格，不太能确定其所属风格。如果总是想把某首歌用类型和风格来进行归类，这样反而会限制音乐创作者的思维，不利于艺术创作；而对于听众来说，音乐风格和情感表达太单一，也不利于欣赏。

3. 个人歌单总结法

一般来说，在总结出关键词后，通过关键词在互联网上搜索相关歌单，再缩小范围在其中挑选歌曲即可。短视频创作者想要创建自己独特的视频曲风，那就必须建立自己的歌单。

当我们听见一首歌时，脑海里会先浮现画面，心里会体悟歌曲情感，并将这些画面或情感在心中具象化，用关键词进行总结，并放入歌单。长此以往，积小流成江海，每个歌单中都会积累各种情绪的关键词。

3.7.2　声音录制

如何使用 PC 端软件录音？大多数 PC 端音频剪辑软件的录音过程大致都分为 3 步，如图 3-212 所示。

图 3-212　录音的基本步骤

iZotope RX 8（简称 RX 8）是一款基于人工智能算法的音频处理与修复软件。后面的音频修复部分也是用 RX 8 进行示范的。

第1步 打开 RX 8，单击菜单栏中的"Edit"，在弹出的菜单中选择"Preferences"，如图 3-213 所示。

第2步 打开"Preferences"对话框，如图 3-214 所示。

图 3-213 选择 "Pre-
ferences"

图 3-214 打开 "Preferences" 对话框

　　设置 "Input device"（输入设备）与 "Output device"（输出设备），默认选择系统的输入与输出设备。如果有非系统默认用于收声的外接话筒等设备，单击右侧的下拉箭头，再选择对应的输入与输出设备即可，如图 3-215 所示。

图3-215 选择对应
的输入与输出设备

　　第3步 设置完毕后单击 "OK" 按钮，回到主界面。

　　第4步 在主界面中找到并单击 "录制" 按钮█，系统会弹出 "New File" 对话框，如图 3-216 所示。

图 3-216 "New
File" 对话框

在这里可以设置"Name"（文件名）、"Sampling rate"（采样率）、"Channel Configuration"（通道配置）。其中，"Channel Configuration"包括"Mono"（单声道，一条音频轨）、"Stereo"（立体声道，两条音频轨）、"Custom"（自定义，三条及以上音频轨）。

第 5 步　设置完成后，单击"OK"按钮，即可新建录音项目。

进入录制界面，左下角为录制控制台，如图 3-217 所示。其按钮分别是"监听""录制""重置播放位""播放暂停 / 开始""播放框选区域""循环播放"。

图 3-217　录制
控制台

第 6 步　单击"录制"按钮，录制开始。再次单击"录制"按钮，录制完成。

第 7 步　录制完成后一定要保存录制的音频文件，如图 3-218 所示。

图 3-218　保存
文件

如果是初次保存文件，需要选择保存格式与文件位置，如图 3-219 所示。

图 3-219　选择
保存格式与文件
位置

183

3.7.3 声音剪辑

对于短视频创作者来讲,声音剪辑相较于视频剪辑更简单。

短视频创作者要先确定短视频的类型,再进行声音剪辑。如果是制作画面与音乐踩点类型的视频,选择适当的音乐即可;而如果是制作以人物对话为主的视频,那就需要采用一定的声音剪辑技巧。本小节将介绍基础的声音剪辑注意事项。

1. 名词解释

混音台

混音台,即可以很方便地编辑和控制声音,以及用来平衡和调节各条音频轨道的效果。Premiere Pro 中也有混音台,即"音频剪辑混合器"面板如图 3-220所示。

主要用来实现音频素材的声道切换。分别控制静音和独奏;长条矩形部分代表冲量电平(音量动态值),其左侧的滑条是"音量调节滑竿"主要用于控制当前轨道音频素材的音量。

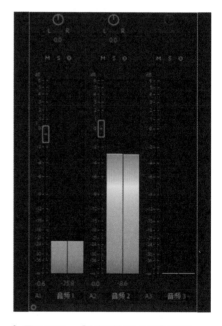

| 图 3-220　"音频剪辑混合器"面板

音量包络线

音量包络线常用于控制音频在不同帧上的音量。点为关键帧,线为音量,后者与混音台上的音量相关联。线在 y 轴上的位移越远,音量越大,如图 3-221 所示。

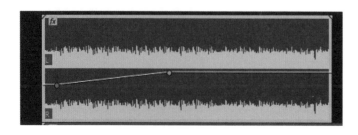

—
图 3-221　音量包络线

2. 基础混音操作

在剪辑声音时，要注意视频需要突出人声还是音乐声。如果需要突出人声，背景音乐仅用于渲染气氛，则要注意声音的主次关系，将人声音量增大，音乐声音量减小。

大家用软件配合剪辑视频与音频的时候，要记住"硬大软小"的口诀。就是在剪辑时，将计算机硬件的音量调大，软件中的各声音素材的音量调小，这样可以保证在导出时，多轨音量叠加到总线上不至于使电平"爆炸"。此外，整段音频素材的冲量电平值一定要低于音量调节滑块所在的位置。

大家可能会问，如果将电平调得很低，那导出的视频音量过小怎么办？这就涉及专业音频剪辑工作中的一个环节——"终混"，即最终混音。调整音量调节滑块的过程，其实就是混音的过程，也可以理解为"初混"。"初混"需设置好音量比例，"终混"将整体音频调整至适合收听的效果或音量。短视频创作者不需要复刻音频行业中复杂的混音过程，只需要合理运用软件功能即可快速混音。

3.7.4　声音处理

声音处理在视频创作中是相当重要的，本小节借助 iZotope RX 7（简称 RX 7）插件和 iZotope RX 8 独立软件来讲解如何高效地进行声音修复和处理。

无论是声音修复，还是声音处理，都会对原声造成破坏，永远不可能通过音频修复来达到完全去除杂音的效果。要想得到完全纯净的声音，就必须从录音的源头解决问题。

1. 人声音量平衡

在后期音频剪辑的过程中，我们时常会发现，整段音频的音量不平衡。特别是在录制人声时，音量总是会发生变化，有些短视频创作者会通过画音量包络线来平衡整体音量，专业的音频处理办法是使用压缩器，这种办法虽然专业有效，但时间效益颇低。更好的办法则是用 RX 8 中的 Leveler（自动调节）功能，一键完成音量平衡，并实现"终混"。

第 1 步 在 RX 8 中打开需要调整音量的音频。

第 2 步 单击右侧菜单栏中的"Leveler"，如图 3-222 所示。

| 图 3-222　单击"Leveler"

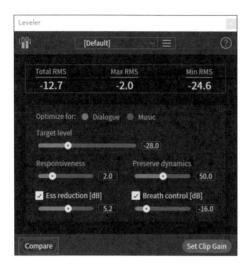

图 3-223 "Leveler"对话框

第3步 在"Leveler"对话框中单击"Compare",如图 3-223 所示。

第4步 在"Compare Settings"对话框中,可以分别试听修复前后的音频,并对比效果,如图 3-224 所示。

图 3-224 "Compare Settings"对话框

在"Leveler"对话框中,只需要关注"Target level"的数值,这个数值是指当前最大音量的限制值,单位为 dB。一般流媒体所需的标准音量为 0dB,向右拖动滑块增大该数值，就能进行"终混"。但必须强调，声音处理完成后才能进行"终混"。其他的参数对便捷修复的影响不大，想要了解更多内容，单击"Leveler"对话框中的图标，能查看本地官方文档进行深度学习。

2. 话筒效果平衡

在录音的过程中，可能会用到多种不同的话筒。由于话筒的硬件参数不同，所录入的声音效果也相异。如果要将不同话筒所录制的两段声音拼接起来，那么拼接处很可能较为突兀。解决上述问题的方法有两种：一种方法是从源头入手，即尽量使用参数相近的话筒，且在相近的声场中录音；另一种方法是用 RX 8 中的 EQ Match 进行平衡。

第1步 选中几段较为满意的话筒所录的声音。

第2步 单击菜单栏中的"EQ Match"，如图 3-225 所示。

图 3-225 单击
"EQ Match"

第3步 在弹出的对话框中单击"Learn"，如图 3-226 所示。

图 3-226 单击
"Learn"

第4步 选中一段不同话筒所录的声音，最后单击"Render"，声音效果就会变得大致相同。

3. 背景噪声处理

在软件不断降噪修复的过程中，原声会不断被破坏，因此在降噪方面的处理应适可而止。如果噪声实在严重，重录是比噪声修复更好的选择。下面将介绍 RX 8 中几种简单的噪声去除功能。

电缆噪声（嗡嗡声）（Spectral De-noise）

在录音时要注意关闭空调、冰箱、电视等电器，避免电缆带来的"嗡嗡"声。但如果视频是通过带电缆的相机拍摄的，或者场地有轻微风声，这些情况产生的低频嗡鸣声都有可能被话筒捕获。处理这类声音，需要使用 RX 8 的 Spectral De-noise 功能，它能自动分析噪声所在的频率，通过降低该频率到指定阈值从而减少该噪声。

在主页面右方滚动菜单栏中单击"Spectral De-noise"后，弹出"Spectral De-noise"对话框，如图 3-227 所示。

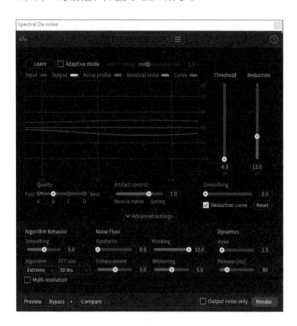

图 3-227 Spectral De-noise

自适应模式：勾选"Adaptive mode"，软件会根据音频进行噪声去除。

学习音频：选取一段音频，单击"Learn"，软件会根据所选音频进行学习，然后降噪。

处理质量：可以在▆▆▆▆▆中选择 4 种处理程度，程度越高，降噪效果越好，是对原音频的破坏也越大。

处理算法：可以在"Algorithm"的下拉列表中选择不同的处理算法，不断试听，以找到最合适的处理算法。

摩擦声（De-rustle）

这里的摩擦声是指轻微的摩擦声，如话筒毛衣摩擦声、衣服摩擦声等。消除这类声音需要用到 RX 8 中的 De-rustle 功能，如图 3-228 所示。

缩减程度（"Reduction strength"）：对所选音频中的人声部分进行检测，其值越大，杂音处理越明显，但是对话的清晰度也会降低。

氛围保留（"Ambience preservation"）：对所处理音频中摩擦声的敏感程度，其值越大，对摩擦声的敏感程度越高。

| 图 3-228　De-rustle

间隙风声（De-wind）

在人声的间隙中常存在低频的"隆隆声"，这些声音如果是录音间隙风吹过与话筒摩擦而产生的，则可以使用 De-wind 进行处理，如图 3-229 所示。

缩减（"Reduction"）：平衡被去除的风声与原始音频。

交叉频率（"Crossover frequency"）：设置所处理的频率上限，即该频率以下的声音将被处理。

基本恢复（"Fundamental recovery"）：重新合成可能被风声所遮盖的低频声音。

平滑器（"Artifact smoothing"）：调节声音的平滑程度。

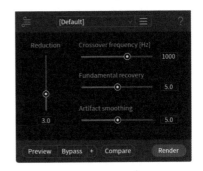

| 图 3-229　De-wind

人声分离（Dialogue Isolate）

RX 8 中的 Dialogue Isolate 是指将音频中的人声对话部分与背景噪声分离，单独提取出人声对话部分，如图 3-230 所示。

对话增益（"Dialogue gain"）：调整识别到的人声音量。

噪声增益（"Noise gain"）：调整识别到的噪声音量。

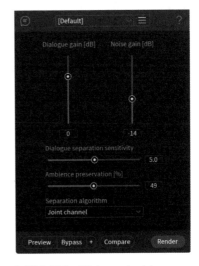

| 图 3-230　Dialogue Isolate

对话分离灵敏度（"Dialogue separation sensitivity"）：人声与噪声的分离程度。

4. 混响处理（De-reverb）

在补录时可能会遇到不适合场景的混响效果，这时可以通过 RX 8 中的 De-reverb 功能进行轻微的混响去除修复。虽说是轻微的修复，但它是一个非常好用的功能。它能

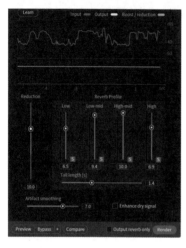

直接检测到混响的干湿比，从而处理音频；也能基于人工智能检测系统为用户提供一些建议，同时支持用户自主设置。De-reverb 如图 3-231 所示。

学习（"Learn"）：通过人工智能自动检测所需修复音频中原有的混响值，并提供建议参数。

缩减（"Reduction"）：混响去除的程度。其值越大，去除程度越高。

混响概述（"Reverb Profile"）：控制 4 个不同频段的混响衰减程度。

▎ **图 3-231** De-reverb

5. 其他常见人声杂音

以下几种杂音经常出现在人声音频中，使用 RX 8 去除这几种杂音的操作方法大同小异，并且效果都非常好，几乎不需要调节什么参数。

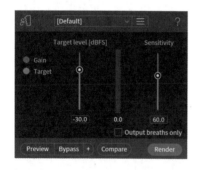

呼吸声（Breath Control）

在录制人声时，话筒有时会录到人物换气时的呼吸声，可以用 Breath Control 功能进行处理，如图 3-232 所示。

增益模式（"Gain"）：在该模式下，只要是被软件检测到的呼吸声，无论程度如何，都会被减弱到相同的数值。

目标模式（"Target"）：在该模式下，并非所有呼吸声都会被减弱，只有那些大而剧烈的噪声会被减弱，而安静、自然的呼吸声将被保留。

▎ **图 3-232** Breath Control

目标水平（"Target level"）：高于该水平的呼吸声将被检测到被减弱。

灵敏度（"Sensitivity"）：控制插件检测呼吸声的灵敏度。

口水声（Mouth De-click）

Mouth De-click 功能可以去除一些口水声，如图 3-233 所示。

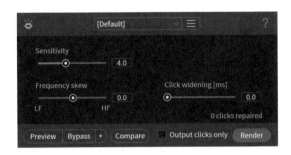

图 3-233　Mouth De-click

灵敏度（"Sensitivity"）：控制插件检测口水声的灵敏度。

频率偏斜（"Frequency skew"）：选择检测的频率，其值越大，检测的频率越高。人声一般集中在中频，若是处理人的口水声，那么需要选择 0 及以上的频率。

单击宽屏（"Click widening"）：检测口水声周围音频，并补偿过度去除的声音。

嘶声（De-ess）

De-ess 功能主要用于去除类似"嘶"的声音，如图 3-234 所示。

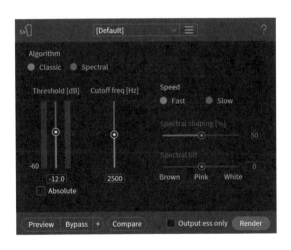

图 3-234　De-ess

经典模式（"Classic"）：检测所有频段的相关嘶声并衰减，因为衰减适用于所有频率的嘶声，所以该模式的针对性没有"频谱模式"强，过度衰减会使得音频失真度较高。

频谱模式（"Spectral"）：比"经典模式"更智能且适用于去除特定频率的嘶声，该模式仅衰减最明显的高频部分，而低频部分则保持不变。

阈值（"Threshold"）：被检测部分衰减的程度。

截止频率（"Cutoff freq"）：降噪检测的下限，即该频率以下的嘶声不会被检测到。

轻微喷麦（De-plosive）

对于喷麦来讲，最好的避免方式当属使用防风罩。喷麦严重时建议重录，但轻微的喷麦声可以使用 De-plosive 功能进行处理，如图 3-235 所示。

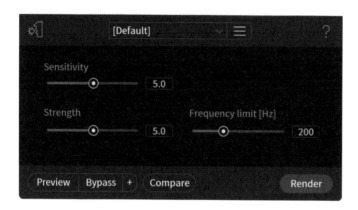

图 3-235　De-plosive

灵敏度（"Sensitivity"）：检测喷麦声的灵敏程度。

强度（"Strength"）：喷麦声的衰减程度，其值越大衰减越明显，但是人声的质量会下滑。

频率限制（"Frequency limit"）：限制喷麦声开始衰减的频率，即该频率以上的喷麦声才会衰减。

6. RX 7 插件在 Premiere Pro 中的应用

使用 Premiere Pro 进行剪辑时，其中的音频部分可以连接 Audition 进行编辑。虽然 Audition 是一款非常优秀的音频剪辑软件，但是在音频修复方面，RX 是更好的选择。

RX 除了有自己的编辑软件之外，在安装时还能选择对应的插件版本，其插件为音频行业常用的 VST 格式，能在市面上所有的音频工作站中进行加载。我们可以在 Premiere Pro 中关联 Audition，再在 Audition 中加载 RX 插件。

以下是操作示范。

第 1 步　在 Premiere Pro 中执行"编辑 > 首选项 > 音频"命令，如图 3-236 所示。

图 3-236　设置
首选项

第 2 步　进入音频设置界面，单击"音频增效工具管理器"。打开"音频增效工具
管理器"对话框，单击"添加"，如图 3-237 所示，选择 VST 插件所在的位置。

图 3-237　单击
"添加"

第 3 步　单击"扫描增效工具"，扫描结束后就能看到 RX 插件了，如图 3-238 所
示，单击"确定"。

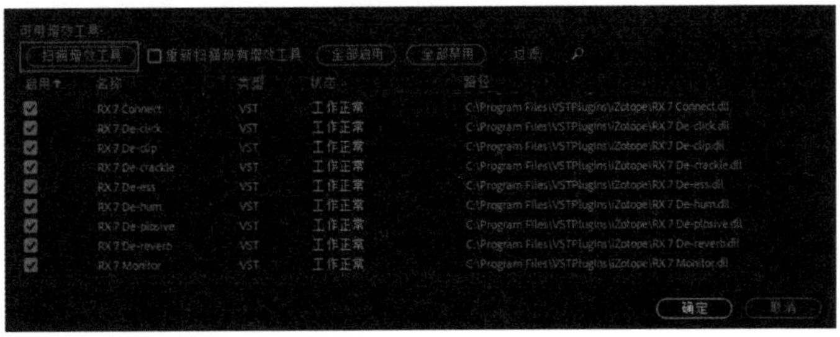

图 3-238　单击
"扫描增效工具"

图 3-239 RX 系列插件

第4步 回到主界面，在"效果"面板中找到"音频效果"，在这里就能看到加载进来的 RX 系列插件了，如图 3-239 所示。

将选中的音频效果直接拖到目标音频片段上，然后结合前面所讲的内容，对该音频片段进行处理即可。

3.8 导出

"导出"是本章的最后一节。虽然放在最后一节，但它是不容忽视的，错误的导出设定会使视频在播放设备上看起来像一团"糊糊"。

在 Premiere Pro 中，可以导出部分片段，也可以导出整个序列。

单击视频预览窗口下面的 ▮ 和 ▮ 按钮，就可以在轨道上标记目标片段，如图 3-240 所示。

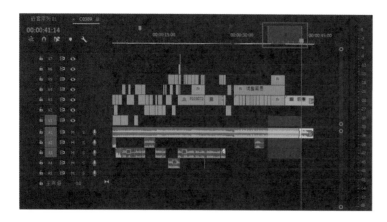

图 3-240 标记目标片段

在"时间轴"面板上，有绿、黄、红 3 种颜色的线条，如图 3-241 所示。

图 3-241　绿、黄、红 3 种颜色的长横线

绿色线条表示该区域可以流畅预览。

黄色线条表示该区域能否流畅预览取决于用户的计算机性能。

红色线条表示该区域可能无法流畅预览，通常是因为用户添加了过多的效果器或者轨道数过多。

如果想在不导出的情况下，流畅预览整个视频，该怎么做呢？其实只需要选中预览的时间段，执行"序列 > 渲染入点到出点的效果"命令（单击 Enter 键），如图 3-242 所示，等待软件渲染完成后，就可以流畅预览红色线条区域的视频了。

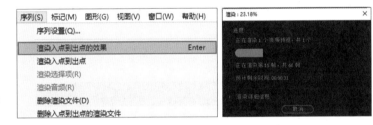

图 3-242　渲染效果

需要注意的是，此操作只会渲染红色线条区域，黄色线条区域不会被渲染。如果项目体积较大，黄色线条区域在预览时也会出现卡顿，那么可以执行"序列 > 渲染入点到出点"命令，软件会渲染除绿色线条外的所有区域，渲染完成后就可以非常流畅地预览整个视频了。

如果我们预览一遍后，觉得片段不需要再更改，就可以导出文件了，具体操作为按快捷键 Ctrl+M，或执行"文件 > 导出 > 媒体"命令（见图 3-243）。

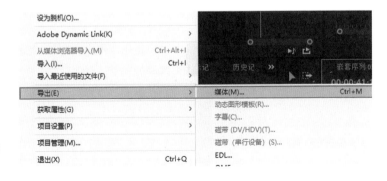

图 3-243　导出片段

“导出设置”对话框如图 3-244 所示。

图 3-244　“导出设置”对话框

“源范围”表示我们需要导出的范围是什么，如图 3-245 所示。

图 3-245　源范围

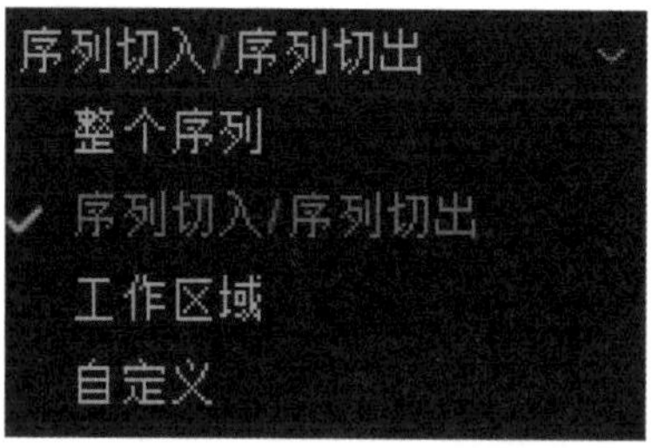

序列切入/序列切出

　　整个序列

✓　序列切入 / 序列切出

　　工作区域

　　自定义

图 3-246　“源范围”下拉列表

“整个序列”是指“从当前项目时间线的开始到结尾”。如果在轨道上已标记某个区间，软件就会默认选择“序列切入 / 序列切出”，也就是选择标记的时长区间，如图 3-246 所示。

输出名称　C0389.mp4

图 3-247　输出名称

单击“输出名称”，如图 3-247 所示，软件会弹出文件目录，可以设置视频保存的位置和名称。

单击右下角的“导出”按钮，耐心等待其导出完成即可。

3.8.1 视频封装与编码

编码是内在工序，封装是外在工序。在"导出设置"面板中，可以在"格式"中找到各种编码方式，如图 3-248 所示。其中最常用的就是 H.264 编码方式。

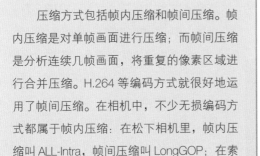

后期贴士

压缩方式包括帧内压缩和帧间压缩。帧内压缩是对单帧画面进行压缩；而帧间压缩是分析连续几帧画面，将重复的像素区域进行合并压缩。H.264 等编码方式就很好地运用了帧间压缩。在相机中，不少无损编码方式都属于帧内压缩：在松下相机里，帧内压缩叫 ALL-Intra，帧间压缩叫 LongGOP；在索尼相机里，帧内压缩叫 XAVC-I，帧间压缩叫 XAVC-L。

| 图 3-248　编码方式

H.265 是继 H.264 之后的新一代编码方式，比起 H.264，它使相同画质的视频所占用的空间更小。

在 Premiere Pro CC 2018 之前的版本或其他软件中，在可以使用 H.264 等编码方式的情况下，一般使用 MP4 格式或 MOV 格式进行导出。就像之前所说的，封装格式只是一种包装，真正决定视频质量的，还是编码方式。

不过，目前 H.265 编码方式尚未完全普及，大部分计算机由于硬件等不支持 H.265，视频播放时并不流畅。随着信息量的增长，H.265 有一定的发展趋势，它不仅效率更高，还支持分辨率和码率更高的视频格式。在使用很多设备拍摄高分辨率视频时，只能选择 H.265 编码方式。

在导出格式中，可以输出 WAV、AAF、MP3 等格式的音频文件，JPEG 格式的图像序列，以及 MOV 格式的无损视频等。

图 3-249 "导出设置"面板中的灰色区域

图 3-250 更改参数

图 3-251 比特率设置

3.8.2 什么决定清晰度

在"导出设置"面板中,有一片区域是灰色的,无法进行更改,如图 3-249 所示。

软件会默认按照第一步创建的序列设置进行导出设置,我们在序列中设置的是 16:9 的 1080P,那么这里也是 16:9 的 1080P。但是我们也可以强制更改其输出的画面参数。在图 3-249 的红框中,每一个灰色参数后方都有一个复选框☑,取消勾选后,就可以更改参数了,如图 3-250 所示。

如果直接改变分辨率,软件会强制压缩原视频画面,笔者在这里不推荐。若必须改变画面比例或分辨率,建议回到"序列设置"中进行更改,具体方法见 3.2.4 小节。

继续浏览视频参数的设置区,可以看到"比特率设置"这项参数,这是决定画面清晰度的一个重要指标,如图 3-251 所示。

比特率越高,其画面的信息量就越大,画面也就越清晰,但视频大小也越大。视频平台都会压缩视频,一般在输出 1080P 30 帧/秒的视频时,会将码率控制在 15~25Mbps。对于更高规格的视频,如 4K 25 帧/秒,可以将码率控制在 35bit/s 左右;4K 50 帧/秒,可以将码率控制在 55bit/s 左右。

比特率编码很有意思，一般采用 VBR（Variable Bit Rate，可变比特率）编码。设置一个目标比特率后，视频在编码的过程中，会在信息量少的画面中减少其数据信息，而在信息量大的画面中增加其数据信息，最大为用户设定的目标比特率。这样做的好处在于，视频数据具有可变性，可以最大限度地减小视频体积，但坏处就是不利于在网络上观看视频。在线播放视频时，如果遇到信息量特别大的景别，如演唱会的人群全景等，此时视频信息量就会大很多，也就需要更多的数据，在网络状况相对不佳的情况下，视频播放就会出现卡顿。

　　还有一种比特率编码方式就是 CBR（Constant Bit Rate，恒定比特率）编码。该编码方式可以使全片都保持一个稳定的码率，但这样可能会造成资源的浪费，以及需要更大的内存，好处就是在播放时，需要的数据量是稳定的，不易卡顿。目前，我们通常采用 VBR 进行编码。

　　比特率是影响画面清晰度的一个重要因素，从肉眼角度进行分析，某些高帧速率的720P 视频可能比低帧速率的 1080P 视频清晰很多。但比特率并不是影响画面清晰度的唯一因素。

　　我们对"清晰度"这个词的定义很模糊，它会随着感官体验的变化而变化。清晰度不一定只表现在实际参数上，在某些情况下，更高的对比度、更合适的布光、更强烈的色彩搭配都可以带来更"清晰"的观感。

　　在图 3-252 中，左图使用了更大的光圈，虚化了背景，看上去却更"清晰"，即便它的分辨率没有右图高。

图 3-252　不同的虚化效果

　　由于 VBR 编码的特殊性，细节更多的画面，在压缩后很可能"糊"成一片，而细节更少的画面，可以在更高的比特率下拥有极致的画质表现。不同信息量的画面如图3-253 所示。

| 图 3-253 不同的信息量

　　布光与不布光也可以在某种程度上影响观感上的清晰度。总的来说，在拍摄中，主体与背景的分离程度更高，更注重画面的质感，可以在观感层面提高清晰度；在参数上，更高的分辨率和码率能够提高清晰度。

第 4 章

综合
案例

本章会介绍几种类型的短视频，基本涵盖了其创作过程中的相关场景、拍摄手法、后期技巧等知识。

4.1 Vlog

Vlog 是近年来比较流行的一种以视频为媒介来记录生活的形式，从 Blog（博客）演变而来。有趣、吸引人的 Vlog 可以让观众身临其境地感受你的故事，也会让你自己在回看时回味无穷。

4.1.1 纵观国内外 Vlog，从"画质"到"品质"

1. 表现

近年来，国内涌现出了很多优秀的 Vlog 博主，他们既会讲故事，也会演绎故事。很多人刚开始拍摄 Vlog 时不知从何入手，或者在镜头前无话可说。

其实解决方法相当简单——多拍多练。要习惯面对镜头，并在镜头前畅所欲言。刚开始拍摄 Vlog 时可能错漏百出，但通过不断练习就会更加适应镜头，而且有些失误可以通过后期处理进行调整。大部分人刚开始拍摄 Vlog 时，会在意周围人的目光，其实多次尝试后，你就会发现周围人的目光并没有那么重要。

在镜头前要从容自信。在每一次拍摄之前，我们要尽量在心里多打几遍草稿，流畅而精简的台词更能吸引观众。

2. 画质

大部分 Vlog 可能只是流水账似的记录，并没有良好的画面效果。对于 Vlog 的画质，有几点需要格外注意。

一是稳定的拍摄系统。大部分 Vlog 都是在边走边拍中完成的，人物对着镜头说话，如果没有稳定的拍摄系统，就会导致画面抖动，这样的 Vlog 很难被观众接受。

二是人物与相机的距离。相信不会有观众喜欢观赏一张占满屏幕的脸，人物应尽量离相机远一点，露出上半身，这样观众的观看体验会更好。

三是录音质量。一个充满噪声的视频很难被观众认可。如果设备的录音质量不是很理想，那么领夹式话筒可能是一个不错的选择。

合适的设备、令人舒服的色调、紧凑的剪辑节奏和优质的画面等都可以在一定程度上提升观众的观看体验。4.1.2 小节会讲解常用的 A-roll 与 B-roll 拍摄手法，它们可以使 Vlog 的画质有所提升。

3. 品质

有些人拍摄的 Vlog 画质相当不错，但流量热度不如预期。有人可能会将责任推卸给平台，埋怨平台限流，但大多数情况下，可能是因为 Vlog 内容质量不佳。

　　在内容上，观众很看重其知识性、趣味性和新鲜感。例如，一位科技博主记录了到苹果公司代班一天的日常，比普通人记录在学校的一天新颖有趣得多，因为它满足了部分人的好奇心。所以在 Vlog 内容上，大家需要再三斟酌。

4.1.2　"画质"的提升：使用 A-roll 与 B-roll

　　人物说话、交代主线的镜头称为 A-roll，补充剧情、渲染感情的镜头称为 B-roll，如图 4-1 所示。

| 图 4-1　A-roll 与 B-roll

　　合理使用这两种镜头，可以使整个短视频的节奏更有延伸感。例如，拍摄去文昌观看火箭发射，可以从出门开始记录，从现在我要做什么（具体化）到我的心情如何等，这是 A-roll；而拍摄飞机的机身和机翼、文昌的人文风景等画面，这是 B-roll。

　　A-roll 与 B-roll 的时长比最好要达到 5：1，如 20 分钟的 A-roll 和 4 分钟的 B-roll。观察大部分高人气的 Vlog 可以发现，A-roll 和 B-roll 各自占据的时长都有所不同。语言组织能力强的博主会把更多的时长留给 A-roll，拍摄记录能力强的博主会在 B-roll 上投入更多的精力。

　　A-roll 是支撑影片的骨架，一定要多拍。例如，对着镜头说"我现在出发前往机场"的这段素材大概率不会出现在正片里，但为何仍要录制？因为生活中充满着不确定性，而 Vlog 本身就是用来记录生活的，没有安排好的剧本和确定的台词。你有可能会在机场遭遇意料之外的事情，这样就会用到"我现在出发前往机场"这句话。拍摄的所有素材可能不会都用到，但是事先拍摄下来，在后期制作时会就可以有更多选择。

　　B-roll 也要尽可能多拍。很多短视频创作者会在拍摄行程结束后，懊恼自己前期的素材没有拍够。B-roll 不仅可以修饰 A-roll 的剧情，还能搭配画外音，作为主线来引导剧情，弥补很多没有拍摄到的 A-roll。例如，早晨把相机架设在阳台，拍了一段延时视频，就可以将其穿插在视频中，然后配上画外音——"第 2 天，我们起了个大早"。B-roll 还常用于切割场景，如拍摄了时长为 40 秒的对着镜头说"我要去看火箭了，我的计划是……"的 A-roll，接下来就可以接一段 10 秒的快剪，其中包括收拾行李的延时视频和透过窗户拍飞机机翼的空镜头。然后可以接下一个 A-roll——"我终于到了这个传说中的'网红'酒店……"，之后接 15 秒左右的 B-roll，展示这个酒店……

总之，遇到精彩的画面时，一定要尽可能多地记录。如果时间允许，可以从远景到特写各拍摄一段素材，这样做可以给后期处理带来更多的空间。

4.1.3 "品质"的提升：寻找有趣的主题

在内容主题方面多花心思，才是做好短视频的关键。

有人可能会误以为 Vlog 是流水账似的记录，是否遇到趣事全靠运气，而事实并不是这样的。

前面提到，生活充满未知，而 Vlog 就是用来记录生活的。当我们按下录制键的时候，其实脑海里早已构思好台词。因此在拍摄前，一定要明确主题。

例如，前面提到的去文昌看火箭发射，本身就是话题性内容，如果路上遇到更值得记录的事物，可以为 Vlog 锦上添花或单独出一期新的 Vlog。

前面也提到过一个枯燥的主题"一个普通大学生在学校的一天"，如果在开机前明确主题内容，把控节奏，就能把枯燥的主题"趣味化"，以吸引观看者注意，如"为什么不要荒废大学生活"等主题，这样的内容在介绍自己生活的前提下，也能给观众带来欢乐和知识，更容易吸引观众。

提前确定一个引人注目的主题非常重要。

如何去寻找这样的主题呢？方法很简单，寻找与自己有相同爱好的博主，借鉴其主题。将个人不同的特点和相异的表现手法运用在相同的主题下，完全可以展现出截然不同的效果。在借鉴其他博主主题的过程中，应当发掘出自己作品的特色，加以总结，慢慢形成自己特有的主题。

4.1.4 流行的 Vlog 剪辑手法

从"画质"和"品质"来看，后者看重"爆点"，前者看重"后劲"。在剪辑视频时，应将优秀的拍摄剪辑手法和"爆点"结合起来。

Vlog 可以使用 Premiere Pro、"达芬奇"或 FCP 等 PC 端剪辑软件进行剪辑，也可以直接在手机上进行剪辑。因为 PC 端剪辑软件具有高效性和专业性强的特点，所以笔者主要以 Premiere Pro 为例进行演示。

1. A-roll 和 B-roll

前面讲解了 A-roll 和 B-roll 的拍摄方法。在拍摄完成并浏览完所拍摄的素材后，需要做的第一件事，就是根据 B-roll 素材来确立剪辑风格。

下面列举了 4 个运动镜头，如图 4-2 所示。

镜头 1：人物固定，相机平移。

镜头 2：相机固定，人物跳水。

镜头 3：相机固定，人物倒立。

镜头 4：人物固定，无人机航拍渐远。

| 图 4-2 素材的剪辑风格判断

如果所拍摄的 B-roll 素材类似于这 4 个运动镜头，最好采用"燃向"的快剪风格，同时应选用节奏较快的背景音乐。但是这类素材不适合节奏非常快的电子音乐，因为大多数镜头没有大范围移动。如果用 GoPro 拍摄了一系列极限运动，那么配合节奏快的电子音乐就会很出色。对本组镜头而言，我们可以选择 Crooked Colours 的 *I Hope You Get It* 作为背景音乐。

确定剪辑风格和对应的背景音乐后，就可以开始剪辑 B-roll 镜头组了。

棕色片段是音效（海浪、发动机声、欢呼声等），黄色片段是画外音（后面会讲到）。为了让 B-roll 镜头组出现得更加自然，把背景音乐设置为提前 5 秒左右播放，并且声音由小变大。在 A-roll 和 B-roll 的交界处，音量呈指数级递增，且递增部分正好对应音乐的高潮部分。A-roll 和 B-roll 的剪辑轨道界面如图 4-3 所示。

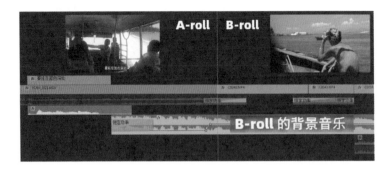

图4-3 A-roll 和 B-roll 的剪辑轨道界面

若音频轨道上没有出现音量包络线，可以将鼠标指针移到红圈位置处，当其形状变为 ✛ 时往下拉，如图 4-4 所示。

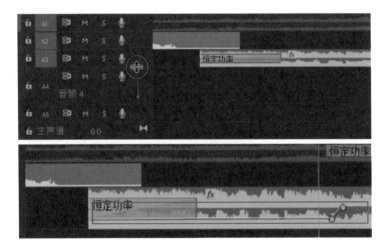

图 4-4 调出音量包络线

在按住 Ctrl 键的同时单击音频轨道上对应的位置，打上第 1 个关键帧，或使用左侧工具栏里的"钢笔工具"▨打关键帧。打好两个关键帧后，把左侧的关键帧往下拉到合适的数值，如图 4-5 所示。

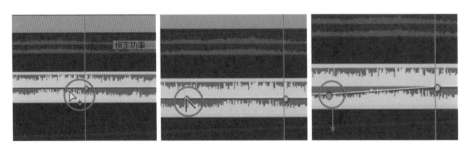

┃ 图 4-5 调整音量关键帧

也可以在按住 Shift 键的同时选中这两个关键帧，然后右击，在弹出的菜单中选择"缓入"，如图 4-6 所示，使音量递增得更自然。拖动每个关键帧上的手柄，可实现更为灵活的曲线级音量递增。

以上为 B-roll 的背景音乐引入环节，接下来需要对这 4 个镜头进行处理。

图 4-6　选择"缓入"

镜头1：遮罩转场

画面前面的黑色物体从左往右运动，逐渐成为画面主体，如图 4-7 所示。

图 4-7　镜头 1

在剪辑时，将这个片段的末尾几帧和下一个片段的开头几帧重叠，如图 4-8 所示。

图 4-8　镜头 1
的轨道视图

选中镜头 1（C0048.MP4 片段），在"不透明度"中选择"钢笔工具"，如图 4-9 所示。

图 4-9　镜头 1
的效果器视图

回到预览窗口，单击任意位置，使之形成闭合图形，如图 4-10 所示。

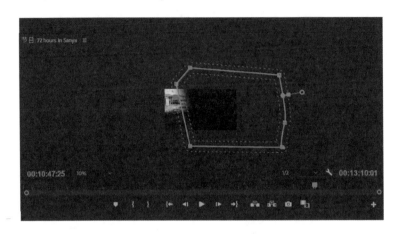

图4-10 片段重叠部分的预览视图

在画面中合适的位置打上位置关键帧，能展示出下一个片段的部分镜头即可。将上一层的黑色物体作为遮罩引出下一个画面的具体操作见 3.5.3 小节，这里不再赘述。

目前的镜头过渡还匹配不上音乐的快节奏，接下来讲解怎样把缓慢的运动甚至固定的镜头变得"燃"起来。

镜头2：时间重映射

接下来对镜头 2 进行处理。配合背景音乐的旋律，结合画面内容，把画面的动作处理为：往前冲并转身（快进）——转身后往后跳（慢放）——落水的那一刻（正常速度），如图 4-11 所示。

| 图4-11 镜头 2

利用"效果控件"选项卡里的"时间重映射"完成相应操作。具体过程见 3.4.1 小节，在此不再赘述。

当回放这个镜头时会发现，由于拍摄它的相机是固定不动的，即便加上了"时间重映射"，也没有达到具有"节奏感"的效果，接下来需要对它进行嵌套处理，如图 4-12 所示。

图4-12　嵌套镜头 2

在"效果控件"选项卡里对此片段的前几帧进行缩放处理，如图 4-13 所示。

图4-13　嵌套后进行缩放处理

处理后，镜头会在人物转身的那一刻突然放大，如图 4-14 所示。

图4-14　缩放处理后的画面

为什么执行一项简单的放大操作需要打这么多关键帧呢？因为在放大的那一刻，镜头会模拟人手抖动，以增强画面的动感，而人手抖动的数据复杂，需要大量的关键帧来模拟。

需要注意的是，这些抖动关键帧都加上了"自动贝塞尔曲线"。如果想让抖动真实一点，还可以使用"变换"效果器完成这一系列操作，并增大"快门角度"，以达到抖动时需要的运动模糊效果。

为什么缩放处理要在嵌套后进行？

因为对原视频做了时间重映射处理，在 Premiere Pro 中，一旦素材的速度发生了变化，那么附加在它之上的所有效果关键帧都会受到速度改变的影响。为了避免受到影响，最好的做法就是进行嵌套，或者使用"调整图层"。

镜头3：光流法慢放

在原始的视频里人物保持倒立动作不过 1 秒就摔倒了，失败摔倒的场景需要删去，并把保持倒立动作的时间延长至 3 秒，如图 4-15 所示。

| **图4-15** 镜头 3

在前期拍摄的时候需要考虑到这一点，因此可以把相机的帧速率调到 120 帧 / 秒，这样正好可以将时间延长至原来的 3 倍。

如果前期拍摄的时候没有考虑到这一点，相机的帧速率就是 30 帧 / 秒怎么办？此时如果直接慢放肯定有损观看体验。

右击素材，在弹出的菜单中选择"时间插值＞光流法"，如图 4-16 所示，便可解决大部分问题。关于"时间插值"的方式见 3.4.1 小节，在此不再赘述。

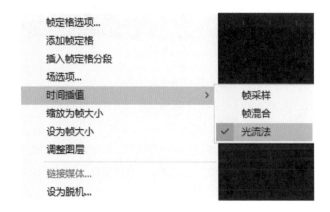

图 4-16　光流法

镜头4：运动模糊

这是一组渐远的航拍镜头（见图 4-17），在前期拍摄的时候考虑到后期会对这段素材进行快进处理，因此便避免了人物的运动。现在想要的效果是：第 1 个画面停留 1 秒，第 2 个画面快进，只持续 0.5 秒，第 3 个画面停留 1 秒。

图 4-17　镜头 4

摄影贴士

在前期拍摄时，需要考虑到后期的工作，以提高视频制作的效率。如果将所有效果都放到后期来添加，那么会造成不必要的麻烦。

此处想要表达的场景效果是：无人机"嗖"地一下就飞到了最远处。操作方法见 3.4.1 小节，使用"时间重映射"即可。但在直接使用"时间重映射"后，画面衔接会不太自然，为了模拟相机快速移动时所产生的模糊效果，需要应用模糊效果器。

在 Premiere Pro 中，使用"方向模糊"效果器，并在快进的片段前后打上关键帧即可制造模糊效果。

摄影贴士

若快放了镜头，记得先做嵌套处理再使用"方向模糊"效果器。"方向模糊"效果器如图 4-18 所示。

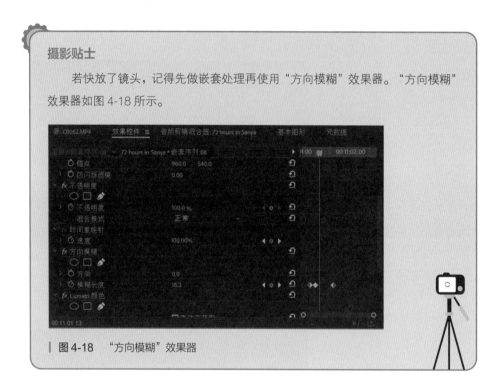

图 4-18　"方向模糊"效果器

此镜头是空间后退的镜头，在图 4-19 中，左图是"方向模糊"效果器带来的效果，右图是 After Effects 的"强力模糊"效果器带来的效果。

图 4-19　模糊效果对比

"方向模糊"效果器只能用于二维平面，如需营造空间上的模糊感，则要借助 After Effects 中更为强大的工具——"CC Force Motion Blur"（强力模糊），如图 4-20 所示。

图 4-20 CC Force Motion Blur

在 After Effects 中加速视频后预合成（也就是嵌套），再将其拖进"CC Force Motion Blur"效果器里进行参数设置。"Shutter Angle"（快门角度）越大，拖影感越明显。

2. 画外音

在前期素材发生收声故障或未充分交代故事背景的情况下，可以通过画外音进行弥补，在播放画外音时，也需要足够的素材来支撑画面。

为了提高出片效率，画外音补录尽量不要采取"边剪边录"的方式，建议短视频创作者提前阅览一遍全部素材，整理好剪辑思路，再开始撰写画外音稿件（见图 4-21）。"至少……当时希望"的后面没有了连续的文字内容，是因为素材库里有一段视频是人物对着镜头说"忘带无人机遥控器了"，这样画外音便可以和原始镜头的内容衔接起来。

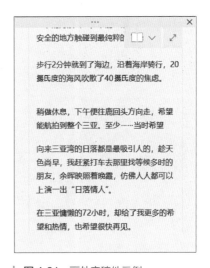

图 4-21 画外音稿件示例

应当在一个安静的环境中，用录音机或手机等设备录制画外音。把录音文件导入 Premiere Pro，棕色片段是画外音，绿色片段是背景音乐。在录音波形出现前的位置打上关键帧，适当地减小背景音乐的音量，使观众能听清楚画外音，如图 4-22 所示。

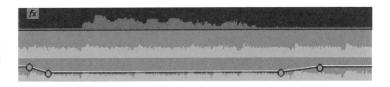

图4-22 画外音与背景音乐的音量协调

后期贴士

在拉动关键帧的时候，如果数值变化幅度过大，可以同时按住 Ctrl 键减缓增速。

如何让声音变得更有磁性或者更柔和？先把"剪辑"工作区切换到"音频"工作区，如图 4-23 所示。

图4-23 切换到"音频"工作区

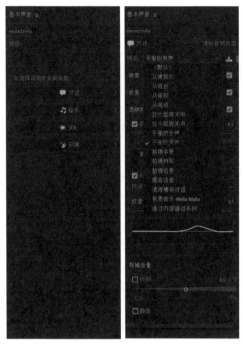

图4-24 "基本声音"面板

图4-25 "基本声音"面板预设

选择需要修饰的音频片段，"音频"工作区的右侧会出现"基本声音"面板，如图 4-24 所示。

右击"对话"，然后在"预设"里选择"平衡的男声"（或者"平衡的女声"），如图 4-25 所示。Premiere Pro 内置的这些预设可对声音进行润色、修复，甚至降噪。

在嘈杂的环境中，也可以使用上述预设，同时增大"透明度"里"动态"的值，在"修复"中增大降噪参数（如增大"减少染色""消除嗡嗡声"的值），这样可以在很大程度上快速修复声音。

3. 声音变调

短视频有很多声音变调和幽默的风格走红网络，之后此类风格被很多网友借鉴使用。同时，快剪风格也被哔哩哔哩（B 站）的很多 UP 主所采用。

在短视频时代，声音变调快剪成了一种吸睛的剪辑手法。需要注意的是，这种剪辑风格只适用于高效风格的短视频，并不适用于所有类型的短视频。

实现声音变调有多种方法，在 Premiere Pro 中可以靠效果器实现，不过更简单的方法还是直接使用手机 App。

Premiere Pro

在 Premiere Pro 中最简单的方法就是使用"比率拉伸工具" ，同时选中视频素材和音频素材，使其快放或者慢放，对应的声音也会相应地变尖或变粗。

如果在拉伸后发现音调没有发生变化，可以选中素材，按快捷键 Ctrl+R，检查"保持音频音调"选项有没有被勾选。若该选项被勾选（见图 4-26），则该素材的音调不会随播放速度的变化而变化，取消勾选即可解决该问题。

图 4-26 "保持音频音调"选项

如何在不变速的情况下改变音调?

在"效果"面板中找到"音高换档器"，如图 4-27 所示。将这个效果器拖到需要变调的音频素材上。

图 4-27 音高换挡器

在"效果控件"面板中找到"音高换档器"效果，单击"编辑"按钮，在弹出的对话框中可以修改内置预设，如图 4-28 所示。在"伸展"预设中，将半音阶往负数方向拉，声音会变得雄厚；往正数方向拉，声音会变得尖锐。

图 4-28 设置"音高换档器"参数

当调整为自己满意的音调后，可保存当前设置的参数，下次可以直接在"效果"面板中选用，如图 4-29 所示。

图 4-29 保存预设

图 4-30 剪映 App 的"变声"功能

剪映App

使用剪映 App 实现变调就更简单了，只需要导入视频并点击视频，然后在底部点击"变声"，选择一个自己喜欢的预设即可实现变调效果，如图 4-30 所示。如果想让效果有趣一些，还可以在变调后进行视频加速。

4. 视频快剪

这里的"快"不是指效率高，而是节奏快。下面讲解一个剪辑技巧。首先观察声波图，把没有出现明显波形的部分用"剃刀工具" 剪切，然后将该部分删除，如图 4-31 所示。

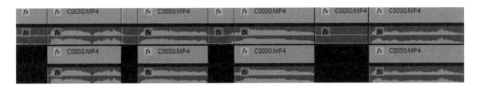

| **图 4-31**　快剪片段

这样做会产生很多"空位"，如果依次移动每一条素材补齐"空位"，会非常影响剪辑效率。

执行"序列 > 封闭间隙"命令，如图 4-32 所示。

| **图 4-32**　选择"封闭间隙"

Premiere Pro 会自动封闭这些"空位"，如图 4-33 所示。在 Premiere Pro CC 2018 以后的版本中，还可以双击间隙处实现快速封闭。

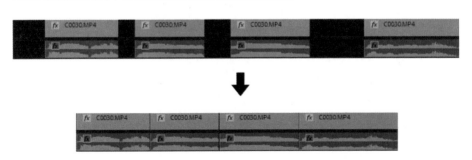

| **图 4-33**　间隙封闭前后对比

后期贴士

封闭间隙操作最好放在剪辑的第一步，因为当存在多层轨道素材时，封闭的效果可能不尽如人意。

4.1.5 快速导出视频字幕

主流的剪辑软件在字幕创作方面都比较难操作，如果视频需要大量的字幕，笔者建议将视频导出后在专业的字幕软件中进行操作。Arctime、讯飞听见字幕等第三方字幕软件都可以在导入视频后自动识别字幕，如图4-34所示。

图4-34 自动识别字幕

它们也可以实现自动翻译、双语字幕和自动打轴等操作。

SRT是通用的字幕文件格式，在处理完视频字幕后，可以将其导出为SRT格式的字幕文件，如图4-35所示。

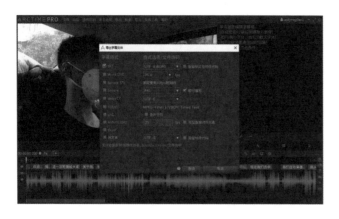

图4-35 导出为SRT格式的字幕文件

打开"达芬奇"，执行"文件 > 导入 >Subtitle"命令，导入刚才导出的字幕文件，轨道上就会生成一条字幕轨道，如图 4-36 所示。

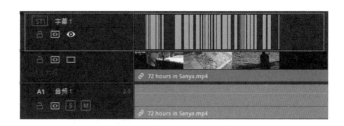

图 4-36　字幕轨道

选中字幕图层，在右上角的检查器中统一调整字幕信息，如图 4-37 所示。

图 4-37　统一调整字幕信息

在导出时，一定要勾选"烧录到视频中"选项，如图 4-38 所示，这样字幕才能内嵌进视频里。

图 4-38　导出设置

在 Premiere Pro 中，可以直接拖动 SRT 格式的字幕文件至最上方的轨道，然后双击字幕，在"字幕"选项卡中统一调整字幕样式，如图 4-39 所示。

图4-39 在 Premiere Pro 中调整字幕样式

图4-40 开始创作

图4-41 按照大致的顺序选择素材

4.1.6 使用剪映 App 完成第一支 Vlog

剪映 App 是由抖音官方推出的一款手机短视频编辑工具。在以短视频起家的平台的支持下，剪映 App 更能在短视频剪辑方面发挥出它独有的优势。

由于手机 App 的迭代速度较快，在笔者撰写此书期间，剪映 App 的界面和功能已经历 3 次大改。笔者主要介绍其基础功能，具体界面和其他功能以安装的最新版本为准。

打开剪映 App 后，点击其醒目的"＋"就可以开始创作了，如图 4-40 所示。

接下来按照大致的顺序选择需要剪辑的视频或图片，如图 4-41 所示。

通常在剪辑的第一步需要确定画面分辨率，而在剪映 App 中，画面比例是可以随时调整的。在整理素材的时候，难免会遇到画面比例不一致的情况，软件会默认为其填充黑色背景，如图 4-42 所示。

图 4-42　画面比例
不一致

　　如果想让整个影片的画幅变成竖屏，可以点击"比例"，并选择一个竖屏比例，如
图 4-43 所示。

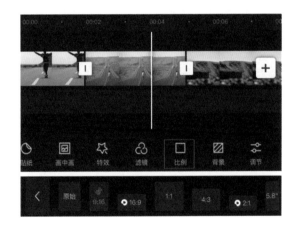

图 4-43　选择比例

　　对于其他无法适应新画面比例的素材，可点击该素材，在画面上进行双指缩放，如
图 4-44 所示。

图 4-44　缩放素材
画面

221

如果想要调整素材时长，可以长按片段边缘，然后左右拖动，如图 4-45 所示。

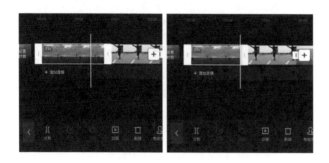

图 4-45 调整素材时长

将光标移至剪切点处，点击"分割"，然后将不需要的片段删除，以达到剪切目的，如图 4-46 所示。

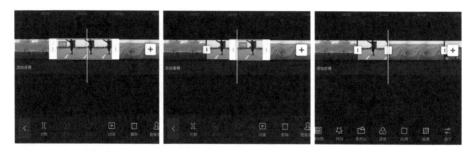

| 图 4-46 切割素材

回到主剪辑界面，点击下方的"文本"，可以在任意位置和时长处添加文本，并为其设置特效、动画等，如图 4-47 所示。

| 图 4-47 添加文本

如果想要添加音乐，点击"添加音频"即可，如图 4-48 所示。

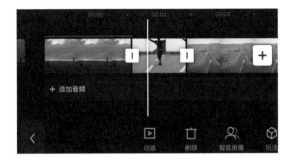

图 4-48 添加音频

在不同的素材之间，可以从预设转场库中选择一种合适的转场效果，如图 4-49 所示。

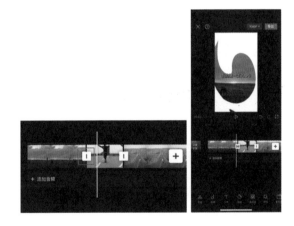

图 4-49 添加转场

还可以点击某个特定的素材片段，为其添加滤镜、调节音量等；也可以为视频添加特效，或者使用画中画功能，如图 4-50 所示。

图 4-50 利用剪映
App 实现更多功能

4.2 · 剧情短片类

剧情短片是不少 MCN 公司的主要创作方向，在本节中，笔者会以一部商业短视频和一部电影短片为例，讲解这两部剧情短片类短视频的创作流程。

4.2.1 3 步搞定短视频剧本

剧本是短视频的灵魂，新颖的创意可以让不少画质和人物演技欠佳的短视频一路"爆红"。

一些美食类账号发布的短视频会在美食特写镜头前穿插不合适的剧情对话，其拍摄手法杂乱随意，台词也颇令人尴尬，很难获得较多的关注。

笔者希望能以较高的短视频制作标准为例，帮助大家建立高质量标准，使大家在拍摄简单的短视频时可以游刃有余。

不少新手在草拟剧本的时候可能毫无头绪，小到人物设定，大到剧情发展。本小节教授的一些方法有助于大家快速写出不错的剧本。

1. 明确主题和人设

在启动项目之前，要先确定短视频想要传达何种情绪，要围绕哪个点来切入并展开故事。甲方要求我们拍摄一部关于"拒绝赌博"的短视频，其主题很明确，内容需要和赌博有关。我们可以设定 3 个人物：男主、荷官和债主。

> **人物设定**
>
> 男主：贪婪、愚蠢，从盲目自信到身无分文、跪地求饶。
>
> 荷官：赌场的工作人员，背后有团队协助作弊。
>
> 债主：提供高利贷的人，借钱时口蜜腹剑，追债时凶神恶煞。
>
> 3 个人物性格鲜明，可以将故事演绎得淋漓尽致。

2. 拟定故事梗概和提纲

设计"拒绝赌博"短视频的脚本时，为了达到警示效果，一般以男主由自信到落魄的转变为出发点，在加强这种反差感，增强戏剧性的同时，放大赌博带来的负面影响。

主线定好后，开始安排其他人物与男主之间的互动，以推动剧情。

与男主一并下筹码的荷官是赌场的工作人员，可以安排她通过作弊，使男主破产，最后失魂落魄。结局为了突显男主失魂落魄的状态，还可以设置一个债主，他把男主追得满大街跑，以增强短视频的戏剧性和趣味性。

> 剧情梗概：男主最开始盲目相信自身能力，妄自尊大，忽视赌场的"水深"，在高利贷债主的诱惑下妄想借钱翻盘，最后输至身无分文还要躲避债主追债。

3. 开始创作

剧情短片往往不需要丰富的剧情和人设，因为短短几十秒的时长不足以交代这么多信息。

确定主线后，就可以开始创作了。进入赌场——男主和荷官开始下注——男主屡胜——荷官开始操作——男主着急——债主提供贷款——男主接受——男主输得倾家荡产——债主前来讨债。

这是一个很简单的故事，配合脑海里浮现的画面，就可以将内容写完整。

赌场内

一束顶光下

门打开

伴随着《赌神》的音乐

男主角高雷一身盛装登场

百家乐牌桌上

美女荷官开始发牌

高雷赢了几把，便嚣张起来，开始炫耀搓牌技术

黑暗中

一个人用对讲机下达指令

美女荷官摸了摸无线耳麦

开始发力

美女荷官开始屡屡获胜

高雷的筹码越来越少

开始慌张

出汗、喝水、抽烟，有点急躁了

眼看快输完了

高雷开始抓狂

还是惨败

擦汗、挠头（可以配合撕牌、抛撒、狂叫等夸张的肢体语言）

高雷崩溃

此时

一个马仔满脸奸笑地说："兄弟，不要灰心，哥哥借给你，赢回来！"

让他打借条，给他筹码

高雷咬牙点烟，怒发冲冠，签字，拼了……（升格镜头）

黑屏

（字幕：半年后）

高雷衣衫褴褛，躺在街边的座椅上睡觉

被马仔用欠条打醒

马仔逼他还债

他一脸可怜状地求饶，惨兮兮地说："大哥，求求你饶了我吧。为了还债，我把房子和车子全卖了，已经没钱了，求你放过我吧！"

马仔恶狠狠地说："你那些钱只够付利息，难道你不知道赌场的规矩吗？我们是利滚利！"

高雷起身逃跑，边跑边喊："不要追我啊，我已经输光了，没钱了，啊啊啊……"

马仔在后面狂追……

（字幕：拥抱幸福 远离赌博）

男主凄惨地面对镜头警醒世人

（字幕：十赌十输，血泪认证）

以上是一个短视频拍摄脚本，它并没有参照标准的剧本格式。在标准的剧本格式中，需要将每一个场景按序排列，并在每一场戏的开头，注明场景序号、内 / 外景、地点、时间和人物；剧本的正文为精简版的动作或场景描述，当涉及对话内容时，人物名和所对应的台词应居中。

下面节选自电影短片 *The Wall* 的剧本。

3　内　王奥阳卧室　中午　王奥阳

王奥阳一回到卧室便赶紧把门关上，但在门缝闭合的瞬间又小心翼翼。她把外套随手一扔，顺势躺在躺椅上，拿起桌上的 MP3，戴上了耳机。

18　外　待定　黄昏　王奥阳　母亲

王奥阳来到了一个不一样的世界，母亲在前方背对着她。王奥阳疑惑地看看四周，慢慢地走上前去。刚要靠近母亲，母亲迅速转身深情地抱住了她。

母亲

你想成为自己吗?

王奥阳

我可以吗?

母亲

当然，我只是把你当成这个世界上的另一个我了。

王奥阳

请告诉我这一切都是一场噩梦，没有人因为我哭泣。那闻到的气味是我的吗? 墙后面是我吗? 你能看到我吗? 你真的倾听过我吗? 如果你知道你做的这一切会变成现在这样，你还会继续吗?

母亲

你在做你自己吗？

王奥阳把手放在母亲肩上，擤了擤鼻涕。

王奥阳

我一直在……

15　内　工厂　偏傍晚　王奥阳

王奥阳来到一个工厂，很享受地呼吸着这里的空气，然后又把注意力转移到自己的鼻子上，用手堵住鼻子，却还是忍不住去闻墙角的油漆桶。她打了自己一拳，踢翻了油漆桶。她开始哭泣。她揪自己的鼻子，但又松手把身体贴近地面去闻地上的油漆的气味，她开始疯狂地把脸往油漆上撞。她呼吸急促，靠在墙角。王奥阳冷静下来后，缓缓地转过头，视线停留在旁边的一个金属片上。她毫不犹豫地捡起金属片，割向了自己的鼻子。

在标准的剧本格式中，我们会按场来标号，同时用粗体表示该场的内 / 外景、地点、时间和人物。角色名和台词居中，叙述性内容向左对齐，同时应当省略修饰性描述。

4.2.2 制作分镜

在拍摄前期需要绘制本片的分镜头，并整理成表。在故事分镜表中，可以标注景别、技巧、时长等内容，方便剧组沟通，提高拍摄效率，如图 4-51 所示。

场景一

镜号	场景	景别	技巧	内容			音乐	备注
				动作	时长	对白		
1	内	近景	过肩固定	女荷官发牌，男主对女荷官说话	5秒	"美女，今晚我手气不错，等下带你去吃夜宵！"		

| 图 4-51 故事分镜表

我们可以在任意表格软件中制作分镜表，而分镜头则需要画师绘制。

一个分镜头可以只简单地交代人物和动作关系，一是为了方便导演在现场拍摄时回想起如何拍摄镜头；二是为了方便导演与摄影师、灯光师、道具师等沟通，确保大家的思路保持一致；三是为了方便提前与甲方沟通，如果甲方对预设的画面不满意，那么只需要改分镜头即可，而不是在拍完后协商重拍。

电影《蝙蝠侠：黑暗骑士》的某个分镜头与最终成像的对比如图 4-52 和图 4-53 所示。有些剧组甚至会提前委托动画师制作线稿动画，这样在对接特效师时，可以节省沟通成本。一个镜头通常对应一个或多个分镜头，一部电影可能有几千上万份分镜头手稿。

图 4-52 电影《蝙蝠侠：黑暗骑士》某个分镜头

图 4-53　电影《蝙蝠侠：黑暗骑士》最终成像

4.2.3 布光实战：低调高反差

找到一家歌厅，将其布置成赌场。布光场景如图 4-54 所示。

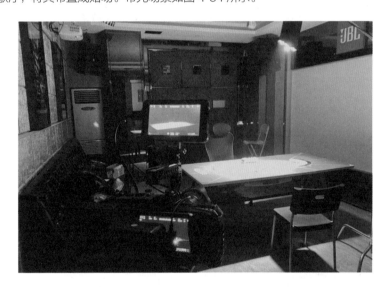

图 4-54　布光场景

在本视频创作时，布光和调色遵循低调高反差原则。

低调需要减小曝光值，以营造出一种昏暗的效果，而高反差则要求明暗关系明显。相反，高调低反差所呈现的画面偏白，对比度较低。

在本项目中，首先在顶端放置一盏镝灯，压暗人物周围的环境；同时使用黑色卡纸包裹住这盏镝灯，集中光线，以营造一种聚光灯的效果，如图 4-55 所示。

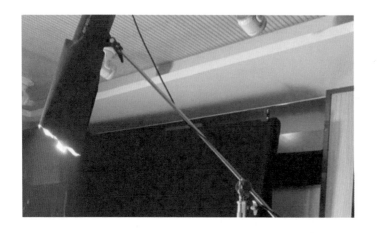

图 4-55 被黑色卡纸包裹住的镝灯

在测试灯光的时候发现，周围墙面有很多反光的镜面，如图 4-56 所示。

图 4-56 反光的镜面

在实际拍摄中，这些不起眼的反光镜面可能会影响整个画面的光线分布。可以使用黑布将这片区域挡住，如图 4-57 所示。

图 4-57 利用黑布遮挡镜面

在现场设置一个位于两位演员头顶正上方的主光源，在两侧各设置一个辅光源，将光打在演员身上，如图 4-58 所示。

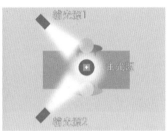

图 4-58 架设光源

从图 4-58 中的左图可以看出，在女演员身后架设的光源，稍微打亮了背景的红墙，营造出了一定的纵深感。

在拍摄时，为了营造处于赌场的真实感，还使用了烟饼，以使整个房间"雾蒙蒙"的，模拟多人抽烟的效果。

4.2.4 "达芬奇"调色流程

原始画面如图 4-59 所示。

图 4-59 原始画面

第 1 步 导入相应的还原 LUT，然后分析示波器，画面中阴影区域信息较为集中，如图 4-60 所示。

图 4-60 示波器

在进行基础调色时，应稍微提亮阴影区域，然后适当压暗高光区域。在亮部，蓝色通道的值比绿色和红色通道的略低，需单独增大蓝色通道的值，如图 4-61 所示。

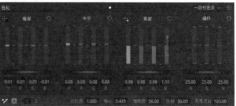

图 4-61 基础调色

第 2 步 光线是从顶部打下来的，需要营造一种灯光略微发散的效果。在新增的串行节点中，增加一个四边形窗口，将该四边形窗口调整为梯形，如图 4-62 所示，并增大其羽化值。

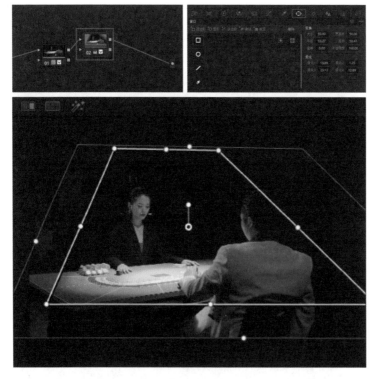

图4-62 新建四边形窗口并调整

由于桌面是绿色的，通常我们会使用暖黄色进行配色。将灯光调成暖色调，并提高该区域的曝光度，如图 4-63 所示。

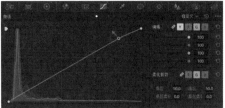

图 4-63　改变色轮和曲线

第 3 步　为了达到"高反差"效果，需要把灯光周围的背景压暗。这里介绍一个新的节点，叫作外部节点，其快捷键是 Alt+Y。在设置了窗口的节点的基础上建立外部节点，软件就会自动创建一个反转该窗口的串行节点，如图 4-64 所示。

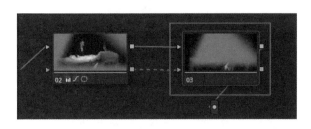

图 4-64　外部节点 03

在节点 03 中，压低曝光度，同时将色温调至色调偏冷，使画面形成冷暖色调对比，如图 4-65 所示。

图 4-65　冷暖色调对比

观察画面发现，人物背后的红色部分有点儿喧宾夺主，会分散观众注意力，使画面主次不清晰，要将其压暗。

第 4 步　新增一个并行节点 05，在该节点中，在窗口中找到"渐变工具"，调整该渐变窗口在画面中的位置，然后压低曝光度，如图 4-66 所示，调整后的画面如图 4-67 所示。

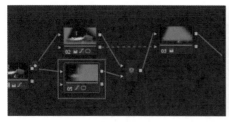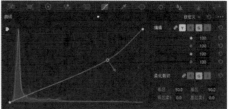

图4-66　新增并行节点并调整

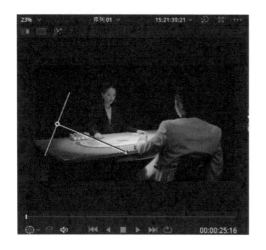

图4-67　调整后
的画面

再次观察该画面发现，桌面过于明亮，导致画面主体由女荷官变为桌面。从示波器中可以看到，画面中并没有过曝的情况，所以应单独选中这个桌面进行调色。

第5步　新增一个并行节点 06，手动使用"限定器"里的工具，选中绿色区域，调整其亮度和饱和度；将整个桌面选定，然后增大"降噪"值，如图 4-68 和图 4-69 所示。

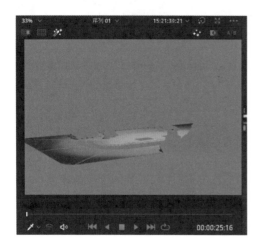

图 4-68　选中绿
色区域

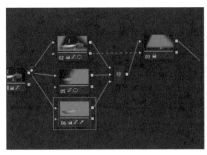

| 图 4-69 新建节点并使用限定器

压暗桌面的高光区域，同时为了使画面颜色和谐，还可以把"偏移"往黄色方向拉一点儿，如图 4-70 所示。

| 图 4-70 调整前后对比

第 6 步 新增一个并行节点 07，对人物的面部进行调整。人物的面部出现了绿色反光，需要在消除绿色反光的同时，提亮人物肤色。调出"限定器"，并选中人物的整个面部皮肤，如图 4-71 和图 4-72 所示。

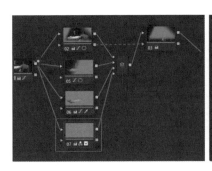

| 图 4-71 新建节点并调出限定器

图4-72　选中面部

不需要的内容也被选中了，如图 4-73 所示。

图4-73　选中了不需要的内容

　　在窗口中找到"圆形工具"，新增椭圆窗口，只选定女荷官的上半身，如图 4-74 所示。

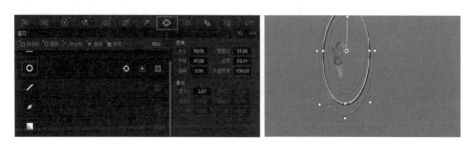

图4-74　新增椭圆窗口

选择"跟踪器"面板，使椭圆窗口能跟随演员的移动而变换位置和大小，如图 4-75
所示。

图 4-75　"跟踪器"
面板

在 RGB 混合器和色轮中，通过减小绿色通道的值和把"偏移"色轮中的小圆圈往
黄色方向拉等操作，来消除绿色，改善肤色，如图 4-76 所示。

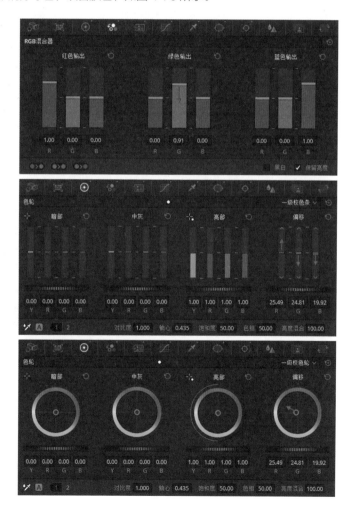

图 4-76　调整色轮
和 RGB 混合器

在"运动特效"中，增大"空域阈值"的"亮度""色度"的值降噪，达到磨皮的效果，如图 4-77 所示。调整前后对比如图 4-78 所示。

图 4-77 调整"空域阈值"

图 4-78 调整前后对比

第 7 步 新增一个串行节点，在其中进行风格化调色。至此，调色工作就结束了，调色前后对比如图 4-79 所示。

| 图 4-79 调色前后对比

◻4.3◻ 宣传短片类

本节以一部"为考研学子加油"的宣传短片为例，剖析宣传短片的制作流程和部分特效镜头的制作步骤。

4.3.1　确定风格与内容

很多时候，甲方只会给一个较为明确的主题，具体细节需要怎么实现得靠自己琢磨，这会导致我们无法迅速给予甲方明确的报价，同时也使我们面临着作品无法达标的风险。因此我们需要参考样片，如果甲方没有提供样片，我们就需要找出一些不同风格的样片让他们挑选，这样也便于阐明报价明细。

当确定拍摄主题是"为考研学子加油"后，我们需要先在不同的平台浏览大量励志类宣传短视频，然后确定以多条主线交叉剪辑，同时搭配画外音的形式。

考虑到较低的预算和较短的拍摄周期，最后选择索尼 A7 Ⅲ 和索尼 A7 S Ⅱ 进行拍摄，仅花了两天的时间就完成了此次拍摄。

确定主线剧情：一对情侣分手后，女主保研落选，男主困于感情；男主的一个兄弟，缺少考研的动力；女主的一个朋友，毕业后工作不顺心；最后他们 4 人互相鼓励，走出了阴霾。整部影片的情绪从消极逐渐走向积极，配乐和配音也随着剧情的发展逐渐变得激昂。

根据主线剧情撰写配音稿。

你为什么会踱步在命运的门外

你为什么会坚持自己的遥不可及

你为什么总是提起自己的过去就悲从中来

你为什么不敢轻易地拿起笔

你为什么把人们的众说纷纭当作追随先辈路上的风声

你为什么用书本当作钥匙缩小梦与梦想的差异

你为什么会慌张地离开脚下三亩地而没有归期

你本可以踏遍人海遇见你的天空，你本可以欢乐和享受舒适

但你仍旧选择看一看夜里的灯火通明

热情洋溢，心潮澎湃

早晨的第一缕阳光、停不下的脚步、跳得更高的欢喜

追逐风筝的汗水，鱼游浅底、鹰击长空的拼搏

是我们在踽踽前行的路上刚好的相遇

是世界发展的速度让青春追赶

是年华留不住的遗憾

你可以坚持自己所爱的，因为当下正年轻

你可以坚持自己的不断尝试，因为还有机会

你可以坚持自己的突发奇想，因为有可能被证明

只有坚持自己不被改变

才有可能聆听世界的声音

受限于时间和成本等，我们并没有绘制分镜头，取而代之的是以画外音为参考对象，并对每句台词进行批注。

在批注时，把人物、场景、时间、内容、道具、效果、备注等细节信息全部写下来，这样做的优点是缩短前期准备的时间，缺点是有时可能会词不达意，整个剧组难以达成共识。

不标准的镜头语言会显得不够专业，画面仅存在于导演自己的脑海里。在遇到大型拍摄任务时，整个剧组都需要达成共识，随意批注的语言可能会影响沟通，导致实际行动与节省时间的原意背道而驰。

因为本次拍摄任务属于小型任务，所以批注并没有造成严重的负面影响。

你为什么会踱步在命运的门外

女一 展板前 白天 来回踱步（贴"推免资格名单"），反复查看有没有自己名字。

你为什么会坚持自己的遥不可及

男一 天台 晚上 坐着仰望天空。

你为什么总是提起自己的过去就悲从中来

女一 室外长椅 白天 接到母亲的电话，哭泣。

你为什么不敢轻易地拿起笔

女二 办公室 收拾资料时露出"试用期劳动合同"。

你为什么把人们的众说纷纭当作追随先辈路上的风声

女一 林荫道 白天 （背影/侧面）走路，时不时地擦眼泪。

你为什么用书本当作钥匙缩小梦与梦想的差异

男二 图书馆 趴桌上（一堆书）、挠头。

你为什么会慌张地离开脚下三亩地而没有归期

【S0 特效镜头】

女二 教室 呆滞地看着镜头（镜头后拉），纸从上方掉落。

你本可以踏遍人海遇见你的天空，你本可以欢乐和享受舒适

男一、男二 篮球场 晚上 一起打篮球。

女一、女二和几个朋友 草坪 日落 野餐、跳舞、嬉戏。

但你仍旧选择看一看夜里的灯火通明 热情洋溢，心潮澎湃

女二 图书馆 呆滞地看着镜头（镜头后拉），闭上眼睛，深呼一口气。（镜头快速前推；快速移动镜头，拍摄人物写字的特写；镜头缓慢右移）

【S1 特效镜头】

早晨的第一缕阳光、停不下的脚步、跳得更高的欢喜

女一 后山 下午 笑着打电话，阳光洒在她微笑着的脸庞上。（先特写，后远景，镜头后拉至显露她的大部分背影）

【S2 特效镜头】

男一、男二 篮球场 晚上 （特写）男二撇嘴，望着男一，一手拿着篮球。

追逐风筝的汗水，鱼游浅底、鹰击长空的拼搏

女一 林荫道 白天 擦干眼泪，开始小跑。

是我们在踽踽前行的路上刚好的相遇

男一、男二 没人的街道 晚上 挽肩消失在夜色里。

是世界发展的速度让青春追赶

女二 天台 晚上 舞蹈。

是年华留不住的遗憾

女一、女二 走廊 女一收拾书本，在路上碰上女二，打招呼，一起去自习室。

你可以坚持自己所爱的，因为当下正年轻

男二 图书馆 戴上耳机，调大音量，继续看课本。

你可以坚持自己的不断尝试，因为还有机会

男一、男二 图书馆 男一来 男二旁边坐下，一起探讨。

你可以坚持自己的突发奇想，因为有可能被证明

男一、男二 天台 晚上 （正面）男二对男一说："这事啊，就像天上的一颗流星（背影），就让它过去吧。"（正面）男一苦笑，手挽过男二的肩，"对啊，（背影，镜头后拉）我们的征途，是星辰大海呀！"男一右手挽男二的肩，左手拿着一本书高高举起。

只有坚持自己不被改变

才有可能聆听世界的声音

男一、男二 天台 晚上 （正面）无人机拉远景，天空中出现 4 个字"考研加油"。

S0 特效镜头：纸张飘落（带透明通道）。

S1 特效镜头：前景为女二在学习，后景为自习室；后景需要群众演员 10 个左右，每人快速做动作，逗留约 2 分钟，女二正常学习。

S2 特效镜头：女一的背影逐渐出现在男一的眼睛里（镜头后退），男二进球了，走到男一身边。

确定本次拍摄的台词内容和细节后，我们便可将道具、人物、场地和时间安排分别整理成文，并开始寻找合适的演员。

4.3.2 两种特效镜头的制作

本小节将重点剖析如何制作上一小节提到的 S1 特效镜头和 S2 特效镜头。

1. "星际穿越" 式流动镜头

在初期的构想中，我们想呈现一种时间快速流逝，而角色沉醉在学习中的效果。相信不少读者都看过诺兰导演的《星际穿越》，当主角进入高纬度空间后，那个时间实体化的三维立方体的每个角落都是墨菲的书架，如图 4-80 所示。

图 4-80 电影《星际穿越》画面

以此为灵感，把角色周围的人物演绎成流动的时间，使用慢速快门实现人物的拖影效果。

在本场景的拍摄中，把快门速度调至 1/4 秒，同时降低感光度并减小光圈，使人物在移动的过程中产生拖影效果。在角色前方架设三脚架并固定相机，安排四周群众演员的走位，确保群众演员在反复快速移动的同时，不进入前景，如图 4-81 所示。

图4-81 确保红框内无运动的群众演员

拍摄完该镜头后，可以注意到，角色在做动作的时候也产生了拖影效果，但我们只想让群众演员产生拖影效果。要想解决这个问题，只需要保持前景机位不动并正常拍摄一组镜头，后期通过遮罩将二者叠加在一起，合成效果如图 4-82 所示。

图4-82 合成效果

为了不增加后期制作的难度，前期拍摄这两组镜头时，需要使画面的亮度尽量保持一致。最简单的方法就是在监视器上截当前画面后，以此图为参考调整至更快的快门速度、更高的感光度和更大的光圈，使画面的特效保持一致。

在拍摄第 2 组镜头时，因为只用到前景，所以只需要角色进行表演就可以了。

在后期合成阶段，会用到特效软件 After Effects，其工作逻辑同 Premiere Pro 一样，也是基于轨道的。打开 After Effects，直接将两个镜头拖至轨道上，其中上层轨道是拍摄的第 2 组镜头，如图 4-83 所示。

图 4-83　轨道图层

选中第 1 个图层，单击软件顶部的"钢笔工具"，在画面上连续点击前景边缘，形成封闭路径后，就可以同时看到这两个图层了，如图 4-84 所示。

图 4-84　合并画面

仔细观察图层 1 中蒙版的边缘，可以很明显地看到两个不同的画面合并在了一起，如图 4-85 所示。

图 4-85　边缘瑕疵

将两个画面合并后如果发现边缘有瑕疵，或合并画面显得不自然，则需要后期对其进行微调。右击图层 1，在"效果"中找到"曲线"，微调 RGB 曲线，使两个图层的亮度尽量保持一致。

两个图层的亮度已经非常接近了，但仔细看还是能明显感觉到"断层"。理论上这两个图层的位置和亮度一模一样，就不会出现这种情况。如果花了不少时间去调整亮度都达不到满意的效果，那可以试试其他方法。选择该图层，进入"效果控件"面板，展开"不透明度"选项，找到"蒙版羽化"，调整羽化值，如图 4-86 所示，使画面过渡更自然。

图 4-86　调整羽化值

在进行羽化时有一个注意事项，即在勾勒前景时，不要完全贴近前景的边缘去勾勒，否则在羽化过程中就会出现图 4-87 所示的情况。

图 4-87　蒙版路径离人物太近

若勾勒的位置离前景太远，则可能会"撞"到后景中的群众演员，如图 4-88 所示。

图 4-88　蒙版路径离人物太远

要想解决上述问题，可以单击图层左边的箭头，展开蒙版选项，在后景中的群众演员快靠近的时候打上关键帧，在其走远的时候再次打上关键帧，然后回到群众演员靠近的那一刻，重新调整刚才描绘的路径，如图 4-89 所示。

图 4-89 打上路径关键帧

在调整好画面后，移动轨道上的滑轮，选中想导出的部分，按快捷键 Ctrl+M 即可进入导出设置，如图 4-90 所示。

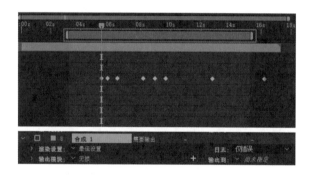

图 4-90 选择区间并导出

执行"导出 > 输出模块 > 格式"命令，选择"QuickTime"格式，无损导出画面，如图 4-91 所示。

图 4-91 导出设置

导出画面后，再对其进行调色便可得到最终画面了，如图 4-92 所示。

图 4-92　最终画面

2. 瞳孔转场

画面 1 中的女一背影，出现在了画面 2 中男一的眼睛里，随后在画面 3 中相机后退至拍摄近景，切换至下一组场景，如图 4-93 所示。

图 4-93　瞳孔转场

不要为了转场而转场，每一个转场都有其存在的意义。这个转场其实很隐晦地映射了男一和女一之间的情感纠葛，并将这两个角色联系起来了。

在拍摄这组镜头时，难度较大的是拍摄第 2 个镜头。我们需要稳定地从演员瞳孔的位置后退至近景，一是需要保持画面的稳定流畅性，二是需要保证对焦点时刻停留在演员身上，三是需要注意布光。

在这次拍摄中，只使用了电子稳定器来完成所有运动镜头的拍摄。相机先对准演员的瞳孔，使演员的面部占据画面的大部分，如图 4-94 所示。

图 4-94　拍摄画面

摄影师将电子稳定器调至"全锁定"状态，并匀速后退，退至中景时，会给助理信号，让助理提醒演员开始走位。因为考虑到后期需要对画面进行变速处理，在摄影师后退的过程中，演员是需要保持不动的。本场景需要演员展现出一种木讷、为情所困的模样，随后另一位演员进场"叫醒"他，如图 4-95 所示。

图 4-95 镜头截图

如果能保证镜头推拉的过程又慢又稳，且演员也可以保持静止，那么完全可以尝试使用单反相机的自动追焦功能。拍摄时由于时间有限，设备也没有安装跟焦器，故直接使用了相机的自动跟焦功能。

在这组全自动跟焦的镜头中，其实中间有几帧画面的对焦点丢失了。是否能流畅地自动跟焦完全取决于相机的性能，正如这组镜头，我们拍摄了多次，中途对焦点总会丢失一两次。后期可以通过变速掩盖失误画面。中途的对焦失误如图 4-96 所示。

图 4-96 中途的对焦失误

在图 4-97 所示的这组镜头中，由于相机的推拉速度需要和演员快速转头的动作相匹配，在快速移动相机的过程中，没有足够的时间使其自动跟焦，便架设了跟焦器，如图 4-98 所示。

图 4-97　快速移动时
需要保证跟焦

图 4-98　架设跟焦器

　　摄影师移动相机时，助理应监视画面。通过外接设备远程控制跟焦器时，移动路径是确定的，助理只需要记住开始和结束时跟焦器上的数值即可。只要演员、摄影师和助理简单配合，就可以得到想要的画面，如图 4-99 所示。

图 4-99　跟焦幕后

　　回到 After Effects 中，将图 4-100 所示的两个镜头同时拖至"时间轴"面板的轨道上，并使两个镜头重合。

图 4-100　放置素材

图 4-100 放置素材（续）

选中第 2 个镜头，在跟踪器窗口中，单击"跟踪运动"，并在画面中框选需要跟踪的区域，如图 4-101 所示。

 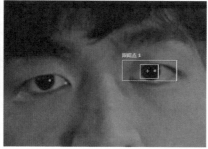

图 4-101 跟踪运动

在选择跟踪区域时，十字形状的跟踪点是镜头的跟踪中心点，周围的框是其特征区，框选的范围越大，所需的计算成本也就越大，跟踪效果也越精准。在"跟踪器"窗口中，按需勾选需要跟踪的类型即可。

勾选"位置"和"缩放"，随后单击"向后分析"按钮▶或"向前分析"按钮◀。等待轨道上的绿条拉满，跟踪便完成了，如图 4-102 所示。

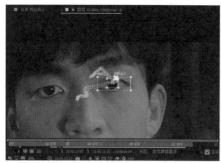 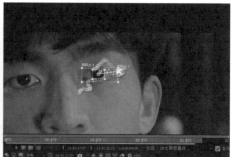

图 4-102 分析跟踪路径

在轨道上新建一个空对象，如图 4-103 所示。

图 4-103　新建空
对象

空对象就是一个空白图层，一般都用来存储位移等的数据，其他图层可以直接调用。

单击"编辑目标"，在"将运动应用于"中选择刚才新建的图层，单击"确定"按钮，在"应用维度"中选择"X 和 Y"，单击"确定"按钮，如图 4-104 所示。

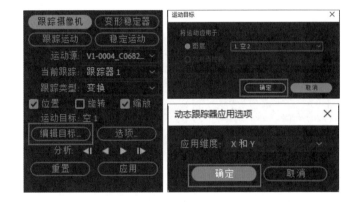

图 4-104　应用数
据于空对象上

只需要将这个空对象上的数据应用于第 1 个镜头就可以了。拖动第 1 个镜头图层上的 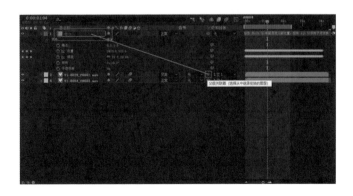 至空对象上，如图 4-105 所示。

图 4-105　关联父
级元素

理论上到这一步就完成了，但真实情况可能更为复杂。在拍摄时，开始的画面不是贴近瞳孔拍摄的，第 1 帧画面如图 4-106 所示。

图 4-106　第 1 帧画面

为了衔接上一个画面，可设置一个放大关键帧，模拟相机从瞳孔的位置后退，如图 4-107 所示。

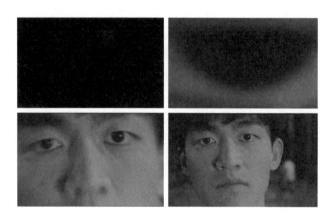

图 4-107　对画面进行缩放处理

调整两个画面到合适的位置和大小，如图 4-108 所示。

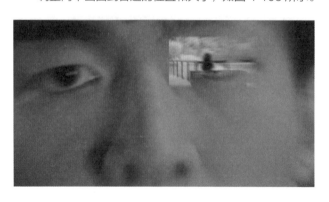

图 4-108　调整两个画面的位置和大小

拖动空对象的 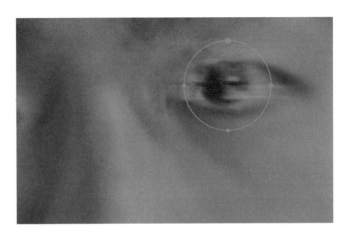（此处有重叠，应忽略）按钮至主画面 2 上，这样就可以连接好所有运动了。单击"钢笔工具" ，在画面中绘制一个圆形，并适当增加其羽化值和透明度，使画面过渡更自然，如图 4-109 所示。

图 4-109 调整蒙版形状

在实际工作中，我们会遇到更多的问题，需要自己去探索解决。例如，数据不匹配，可能需要手动添加关键帧；缩放不够自然，可能需要再创建一个空对象，层层套用，同时运用"运动模糊"效果，使画面过渡不那么生硬。

4.3.3 使画面更有质感

层次分明的光线布局可以使画面更有质感，本小节通过两个案例来简述调色思路，以帮助大家更好地把握调色中的"光"。

1. 增加光源

加强主体与背景的明暗对比，适当压暗画面阴影区域，同时在画面中增设一处光源，可以在很大程度上提升画面质感，如图 4-110 所示。

图 4-110 增加光源

在拍摄时选择了一个偏逆光的场景，并采用S-Log2模式，后期将拍摄的素材导入"达芬奇"中进行调色。

在完成基础调色及部分二级调色工作后，在效果中找到"镜头光斑"特效，将其拖至一个新节点上，如图 4-111 所示。可以在图像上看到一个新增的光源，同时需要在效果中设置该光源的具体参数，如图 4-112 所示。

图 4-111 "镜头光斑"特效

图 4-112 设置光源参数

根据画面调整好光源的大小、亮度和位置等后，还可以在"跟踪器"面板中对该效果进行跟踪，使其在画面中的位置与原始画面吻合。

2. 加强对比

在不少影片中，导演为了突出主体，通常会加强主体与背景的明暗、颜色、动作对比。电影《银翼杀手 2049》某画面如图 4-113 所示。

图 4-113 电影《银翼杀手 2049》某画面

在图 4-114 中，左图为原始画面，主体右上角有一盏路灯；右图为调色后的画面，加强了灯光与周围环境的明暗对比。

图 4-114　加强明暗对比

为了突出主体，还需要将人物区域提亮，如图 4-115 所示。

图 4-115　提亮人物区域

在提高画面整体对比度的同时，还可以使用上面提到的"镜头光斑"特效，添加虚拟光源到路灯上，以模拟宽银幕电影感，如图 4-116 所示。

图 4-116　最终效果

4.3.4 后期美颜

即使现在的拍摄设备大多都带美颜功能，但为了制作出质量更好的视频，还是需要使用美颜软件。

这里所说的美颜包括瘦脸、大眼、磨皮、亮眼等，而这一切都可以在"达芬奇"中完成，且操作空间非常大。

在 OpenFX 中找到"面部修饰"插件，将其拖进一个新的节点中，如图 4-117 所示。

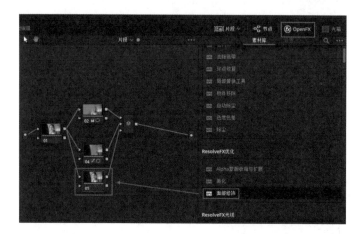

图 4-117 使用"面部修饰"插件

单击"分析"按钮，"达芬奇"会自动帮我们识别面部信息并跟踪整个视频，如图 4-118 所示。

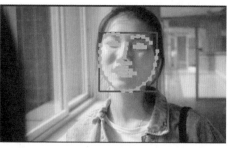

图 4-118 分析面部特征

分析完成后，可以直接进行磨皮、亮眼、调肤色等操作。

以上调整都是面部色彩方面的调整，如果需要进行瘦脸、大眼等扭曲层面的操作，则需要用到"变形器"插件。

新增一个并行节点，在 OpenFX 中找到"变形器"插件，将其拖进这个新的节点中，如图 4-119 所示。

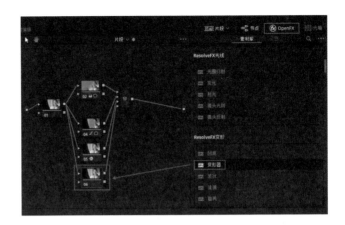

图 4-119　使用"变形器"插件

单击画面，围绕人物的面部边缘打上小白点，往里推动小白点就可以控制周围的像素收缩，从而实现瘦脸功能，调整前后对比如图 4-120 所示。

图 4-120　调整前后对比

后期贴士

"节目"监视器面板的左下角显示 ⓕ，表示当前显示的视图是 FX 效果器视图，还可以把视图切换为 Power Window，如果当前节点中有设置窗口，画面中就会出现窗口元素，如图 4-121 所示。

如果在调色过程中，发现刚打的点或者窗口元素等未能在画面中呈现出来，不一定是被删除了，有可能是因为没有切换至正确的视图，所以相应的元素未显示。

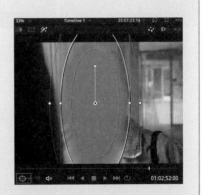

图 4-121　出现窗口元素

257

这样的确实现了瘦脸功能，但仔细观察会发现，面部周围的像素发生了一定程度的扭曲，如图 4-122 所示。

图4-122 面部周围的像素发生扭曲

有没有办法固定面部周围的像素，只扭曲面部的像素呢？

按住 Shift 键的同时，在人物面部周围单击打出红色的小圆点，它们便是起固定作用的。我们在白点的两侧都打上红点，如图 4-123 所示。

图4-123 固定面部周围的像素

后期贴士

在白点的两侧打上红点是因为需要外侧红点保护脸部之外的环境不被变形，内侧红点是保护人物五官不被变形。

这时推动白点，就不会过度影响面部周围的像素了。

后期贴士

如果点打错了，需要撤销，按 Delete 键通常没有用，这时需要在按住 Alt 键的同时，单击打错的那个点，这样它就会被撤销。

瘦脸操作完成后，还有一个棘手的问题——跟踪。人物的面部是运动的，我们需要让这些点始终固定在人物面部周围，并跟随人物的移动而移动。我们把跟踪器的工作模式设为"FX"，如图 4-124 所示。

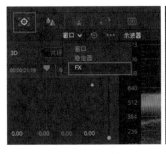

图 4-124 切换至
"FX"工作模式

多次单击"标记"按钮，增加多个跟踪点，如图 4-125 所示。

图 4-125 打点跟
踪 1

此时画面中心会出现类似十字形状的图案，如图 4-126 所示。

图 4-126 打点跟
踪 2

这些图案用于确定参考点，作为跟踪依据。移动十字图案，尽量确保每个点所在位置周围的像素不会大范围移动且具有特征，如图 4-127 所示。

图 4-127 打点跟踪 3

在"跟踪器"面板中，单击"向前跟踪"按钮◀和"向后跟踪"按钮▶，跟踪完成后，效果如图 4-128 所示。

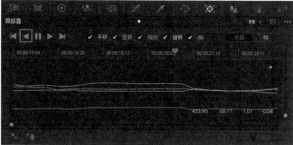

图 4-128 跟踪完成

在进行局部调色时，由于画面是运动的，因此必须使用跟踪器来确保人物局部调色始终有效。如果要使用跟踪器的"窗口"工作模式，则需要选择"建议展示图"，但不需要自行设置跟踪点，"达芬奇"会综合全局分析整个画面的像素点特征，帮助短视频创作者完成跟踪。

4.3.5 调色技巧：如何将白天调成夜晚

不少短视频创作者肯定遇到过这种情况：在白天拍摄夜晚的场景。此时就需要将日间拍摄的效果调成夜间的效果，调整前后对比如图 4-129 所示。

图 4-129 调整前后
对比

下面是一个由近景逐渐切换至大远景，持续时间长达一分钟的航拍长镜头，其调色工作较为复杂。为了将情绪推至高潮，在最终画面中，将原素材的第 2 个镜头中人物的周围做了加速处理，可以给人一种近景"嗖"地一下切换至远景的速度感，如图 4-130 所示。调色前后对比如图 4-131 所示。

图 4-130 加速处理

| 图 4-131 调色前后对比

在 After Effects 中，原素材稳定变速完成后，将其导入"达芬奇"中开始调色。调色思路如图 4-132 所示。

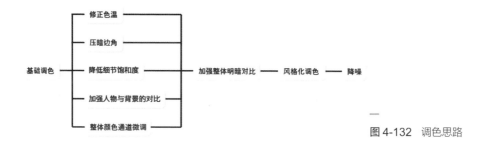

| 图 4-132 调色思路

夜晚画面最突出的 3 个特点就是低饱和度、低亮度和冷色调。

在节点 01 中进行基础调色，将 D-Log 进行色彩还原，同时调整画面的曝光和色彩，使其均衡。在节点 02 中进一步进行基础调色，降低饱和度和曝光度，并使画面的整体色调偏冷，如图 4-133 所示。基础调色后的效果如图 4-134 所示。

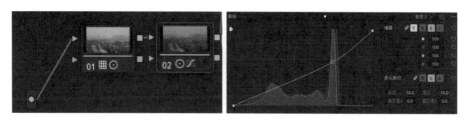

| 图 4-133 基础调色

图 4-134 基础调
色后的效果

降压曝光度和饱和度后，画面仍然不具备夜晚的效果。

接下来需要对画面细节进行修正。夜晚画面的色温要比白天画面的色温值高一些，先从最显眼的天空入手，在新增的串行节点中，使用限定器选择整个天空，然后在"偏移"色轮中拖动小圆点，使其靠近蓝色，如图 4-135 所示，效果如图 4-136 所示。

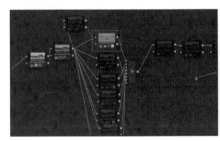

图 4-135 调节天空的色温

图 4-136 色调偏
冷的天空

降低色温值后的画面效果已接近夜晚的效果，但天空的色调更像是染色后的效果，缺乏明暗渐变的层次感，会让观众觉得不自然。调整前后对比如图 4-137 所示。

| 图 4-137 调整前后对比

在新增的并行节点中，在画面顶部设置一个渐变窗口，适当拉低曲线，使天空由暗变亮，以增强层次感，如图 4-138 所示。

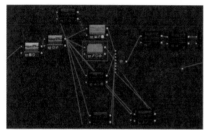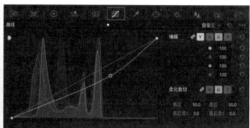

图 4-138 压暗天空
边缘

压暗天空边缘后的画面显得更自然了，调整前后对比如图 4-139 所示。

| 图 4-139 调整前后对比

在视频中，渐变窗口并不是固定不动的，随着相机的移动，渐变窗口的位置和大小也会发生变化，如图 4-140 所示。

图 4-140 渐变窗口发生变化

如果该节点中已存在窗口，那么选择"窗口"工作模式，并单击"向前跟踪"按钮◀或"向后跟踪"按钮▶后，软件会自动采集选中的特征像素点并完成稳定的跟踪，预览画面中会出现小白点，如图 4-141 所示。

图 4-141 "跟踪器"面板

笔者为了方便演示，特意将渐变窗口往下移动。如果渐变窗口没有往下移动，那么跟踪器就会在纯色的天空区域采样，而天空区域的像素点普遍相似，这样就会导致跟踪失败。

遇到上述情况时，可以在"跟踪器"面板的右下角，将跟踪模式切换为"点跟踪"。这个跟踪模式就是"FX"工作模式下的跟踪模式，可以手动设置特征像素点完成跟踪，如图 4-142 所示。

图 4-142 切换跟踪模式

除了天空外，墙面上亮眼的砖红色也需要单独进行处理。新增一个并行节点，选中所有的红色墙面，降低其饱和度和亮度，如图 4-143 所示，效果如图 4-144 所示。

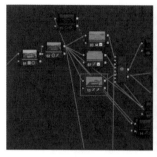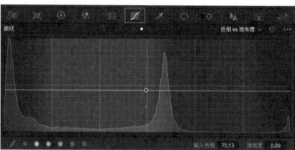

图 4-143　降低饱和度和亮度

图 4-144　效果图

在使用限定器时需要格外注意，在视频的其他节点中，限定器是否完全选中了我们想要的区域，或者之前选中的区域经过一段时间会不会丢失。

因为这是一个由近景逐渐切换至大远景的镜头，所以在近景展现人物时，还需要加强主体与背景的明暗对比。新增一个并行节点，在这个节点中，使用合适的窗口选中主体，并增加其羽化值，然后在"曲线"中适当提高该窗口范围内的曝光度，如图 4-145 和图 4-146 所示。

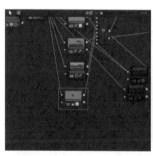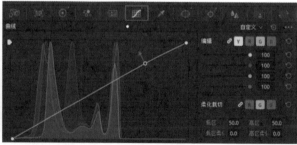

图 4-145　增加并行节点

图 4-146　增加
窗口曝光

这是一个运动的镜头，人物会随时间的推移逐渐变小，因此需要用到跟踪功能。

在"跟踪器"面板中，在"窗口"工作模式中选择"云跟踪"，单击"向前跟踪"按钮◀或"向后跟踪"按钮▶。如果想让这个窗口的曝光度随着时间的推移逐渐降低，应该怎么操作呢？

找到正在处理的节点 12，单击"校正器 12"左边的菱形图标，该图标变红，这类似于 Premiere Pro 中的"切换动画"按钮。此时，对该图层所做的每一项基础调色操作都将被记录为关键帧，如图 4-147 所示。

图 4-147　关键帧 1

把鼠标指针移动到片段开头，然后提高曝光度，此时在"关键帧"面板中会出现一个关键帧；再移动鼠标指针到后面的位置，将曲线还原，此时在"关键帧"面板中又会出现一个关键帧，如图 4-148 所示。

图 4-148　关键
帧 2

上述两个关键帧之间的画面曝光度会逐渐降低。

增加一个并行节点,对整个画面的色彩进行调节。先大范围压暗画面的中间调区域,然后微调其他区域的色彩,如图 4-149 所示,效果如图 4-150 所示。

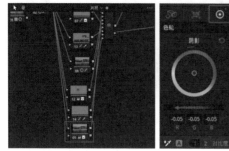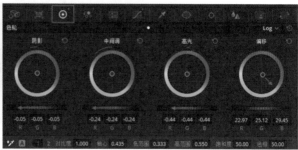

图 4-149 调节色彩

图 4-150 调整整个画面的色彩后的效果

在"RGB 混合器"中,减小每个通道对应的颜色输出值,以降低饱和度,如图 4-151 所示。

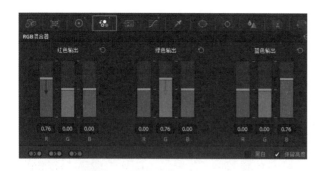

图 4-151 降低饱和度

根据画面调整曲线,增加画面对比度,如图 4-152 所示,调整前后对比如图 4-153 所示。

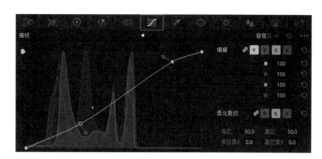

图 4-152　利用曲线
提高对比度

图 4-153　调整前后
对比

　　夜景的调色已经完成，接下来使用几个串行节点，对该夜景的色调进行细节处理。
　　画面中的明暗层次关系并不明显，光线分布比较均匀，在并行混合器的后方新增一
个串行节点，在该节点中加强画面的明暗对比，如图 4-154 所示。

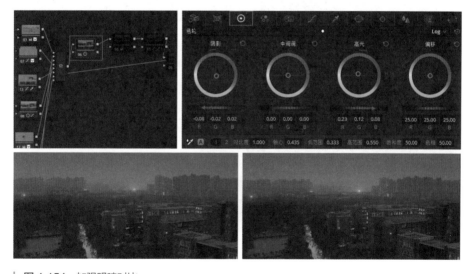

图 4-154　加强明暗对比

后期贴士

　　当出现两个或多个并行节点时，默认会创建一个串行节点，连接并混合这些
节点信息为一个新节点，以方便后续操作，如图 4-155 所示。

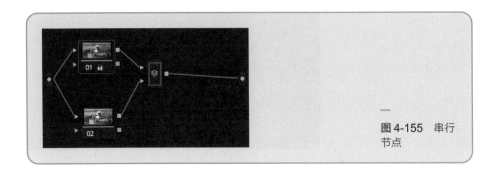

图 4-155　串行节点

新增一个串行节点进行风格化调色，将画面的暗部色调压至纯黑略偏向青色，使画面的亮部色调略偏向橙黄色。风格化调色前后对比如图 4-156 所示。

| 图 4-156　风格化调色前后对比

新增一个串行节点进行降噪，设置如图 4-157 所示。

图 4-157　降噪

降噪包括时域降噪和空域降噪，时域降噪是连续分析多帧画面进行降噪，而空域降噪是对单帧画面进行降噪。通常我们使用时域降噪，提高"时域阈值"中的"亮度"和"色度"即可控制降噪的程度。而空域降噪通常用于磨皮等操作，它对计算机的硬件性能要求较低。降噪虽然能在很大程度上去除噪点，但是会降低画面的清晰度，且降低幅度会随降噪力度的增大而增大。在进行后期处理的时候，要把握这两者之间的平衡，以输出最佳的画面。

4.4　知识分享类

一闪 Talk 是抖音等短视频平台上专注于摄影后期领域的知识分享类账号。在本节中，笔者就将以一闪 Talk 为例来剖析这类账号发布的短视频的制作和推广流程。

4.4.1　短视频文案

文案是知识分享类短视频的灵魂，知识分享类短视频要想获取较多的点击量，其文案一定要吸睛。在策划文案前，需要明确几个关键词，并确保这几个关键词能在合规的前提下能吸引观众。

知识分享类短视频通常会以问句作为开头，如果开头几秒不能留住观众，那么它的流量肯定不尽如人意。短视频创作者需要花时间构思短视频的第一句话。如何吸引观众和留住观众是短视频创作者需解决的问题。

在早期的一闪 Talk 栏目中，"如何成为一名图库摄影师并靠卖照片赚钱"和"抛开所有花里胡哨的转场，到底什么剪辑才最牛"，凭借犀利精练的语言和新奇独特的视角，吸引了一大批粉丝。在这两个话题中，前者凭借吸引眼球的"钱"展开描述，后者靠"正观点"赢得了业内不少专业人士的赞同，且这些短视频都围绕着"摄影剪辑"等影视行业的核心主题展开叙述，并没有离题。

抛开所有花里胡哨的转场，到底什么剪辑才最牛

（画面：一组卡点视频）（手往屏幕外推开这个画面）

花哨！

（画面：一些加了特效的转场视频）（手往屏幕外推开这个画面）

不行！

到底怎样剪才最好？

你们看，这是一个大海的镜头（画面：大海的镜头）

这个是云层（画面：云层）

这两个，你们觉得，适合用 Zoom 转场吗？（画面：上述画面使用 Zoom 转场）

或者再换个花哨的转场（画面：上述画面使用任意其他转场）

显然都不适合

我们再看 Sam Kolder 是怎么处理的（画面：Sam Kolder 转场）

有些人说，这不就是所谓的无缝转场吗？

是的，它确实可以叫这个名字，当然你也可以用这类（画面：合适的转场 1）

或者这类（画面：合适的转场 2）

其实对于从事这个行业的人来讲，转场不值得作为一个很大的宣传点进行包装学习。进入短视频时代后，转场似乎成了大家重点关注的方向，如取了各种类似无缝、缩放、色度、快慢等名字的转场。

剪辑的精髓在于把握节奏。我在这里说这些转场花哨并不是在抵制它们，我只希望大家在运用这些转场时，多注意画面和节奏，而不是去网上花钱买了一堆"转场包"，然后胡乱加进视频里，还告诉别人这样的剪辑是多么厉害。

关注一闪 Talk，私信或留言你最想学的非花哨式转场，我们下几期就教。

上述文案稿内容通俗易懂又层层递进。在结尾处，和大多数短视频套路类似，抛出问题，引起观众互动，以提高短视频流量权重。

其实，不单单是短视频，任何能在互联网上广泛传播的优质视频在知识传递、情绪流露和节奏把控上都有突出表现。

考虑到知识分享类短视频略显枯燥，文案撰写者在写稿前，需厘清每句台词与相关视频、音频的关系，思考怎么合理搭配才能让短视频内容更加丰富，而不是一个人一直在镜头前自说自话。

4.4.2 摄影棚三点布光法

三点布光法是摄影中最常见的一种布光方式，它主要由主光源、辅光源和轮廓光组成，有时为了烘托环境，还会在背景增设氛围灯来改善画面，如图 4-158 所示。

演员目前在一个漆黑的环境中，如图 4-159 所示。

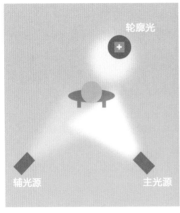

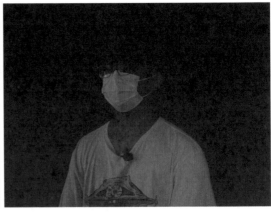

│ 图 4-158　三点布光示意图　　│ 图 4-159　没有光源

打开主光源，如图 4-160 所示。

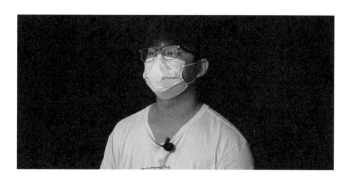

图 4-160 增设主
光源

主光源是最能决定画面整体光线的部分，其亮度、色温等参数都会对画面造成最直接的影响。主光源一般放置在画面主体斜前方 45 度的位置，或者依据情况做变更。画面主体离主光源越近，其与背景的分离感也就越强。

打开位于演员顶部的轮廓光，将演员的轮廓勾勒出来，这样演员的黑色头发就不会和黑色的背景融合在一起了，如图 4-161 所示。

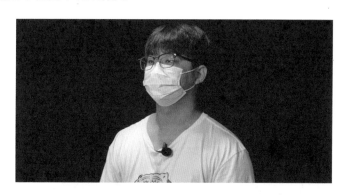

图 4-161 增设轮
廓光

硬朗的光线使演员面部的明暗对比更为强烈，更适合悬疑等题材的短片。大多数情况下，只需要正常、柔和的光线。在主光源上加一块柔光布，演员脸上的光线就会柔和很多，如图 4-162 所示。

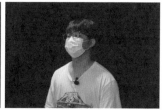

图 4-162 在主光
源上增设柔光布

有些光源无法调节功率，可以多加几层柔光布来削弱光线，增加柔光布后需要再次调整相机的拍摄参数以适应新的场景。在实际拍摄中，很多灯光不能直接改变色温，可以加有色锡箔纸等来改变色温。

演员面部的左侧还存在一大片阴影区域，打开位于演员另一侧的辅光源，如图4-163所示。

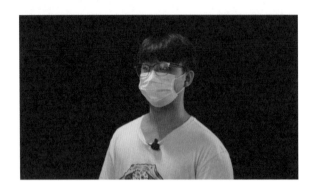

图 4-163 增设辅光源

还可以使用反光板直接反射主光源的部分光线到演员的阴影侧来完成布光。

最基本的三点布光就完成了。为了烘托气氛，还可以在背景点缀一些装饰灯，或者色温差别比较大的背景灯（见图4-164）。

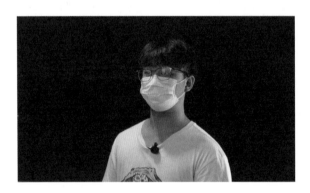

图 4-164 增设背景灯

其实不少电影场景的布光方式都是从三点布光法演变而来的，合理运用三点布光法可以应对大多数拍摄场景，进一步画面的质感提升。

4.4.3 录制教程

许多教学视频都涉及录制教程的过程，笔者在此分享一些录制教程的技巧，它们可以帮助你更高效地完成工作。

录制教程通常有两种方式：一是边录制边讲解；二是按照文稿内容录制完成，再配上画外音。前者较为轻松，但较难把控整个教学视频的节奏，观众可能因为讲解过于枯燥或时长太长而提前终止观看视频。笔者常用后者，其好处是节奏可控，文稿确定后，整个视频的节奏和时长基本就确定了，可以减少某些简单的操作，同时避免重复操作，但其缺点是需要花更多心思进行二次剪辑。

不管是录制教程，还是录制游戏画面，笔者都推荐 Bandicam 这款软件，其启动界面如图 4-165 所示。

图 4-165 Bandicam 的启动界面

它在录制的稳定性、功能性和文件压缩方面都有很优秀的表现，其工作界面如图 4-166 所示。

图 4-166 Bandicam 工作界面

4.4.4 制作文本动画预设

在一闪 Talk 发布的每一期短视频的开头，都会出现一些标题特效，如图 4-167 所示。

这些标题特效是如何制作的呢？如果都需要调用相同的文字，有没有快捷的操作方式呢？

很多博主在开设自己的栏目时，都有个人惯用的标题动画。

图 4-167 短视频开头的标题特效

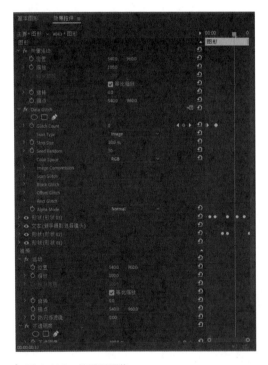

图 4-168 展示了"新手选择摄影镜头"文本附带的效果，其中，Data Glitch 是 Red Giant 插件里的效果，可以实现画面 RGB 3种色调分离的特效，还有一些线条移动和不透明度变化特效，以及文字的排版设计，这些共同组成了该文本的动画预设。

图 4-168 效果器预览

下面制作一个标题特效。

先单击"文字工具" **T**，然后单击画面并输入文字，如图 4-169 所示。

对这段文字进行简单的换行、加粗和放大设置，如图 4-170 所示。

图 4-169 新建文本

图 4-170 调整文本样式

在"文本效果"控件中使文本居中，如图 4-171 所示。

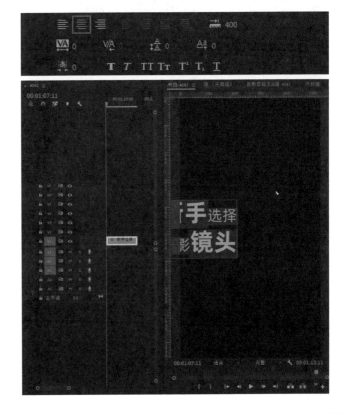

图 4-171 文本居中

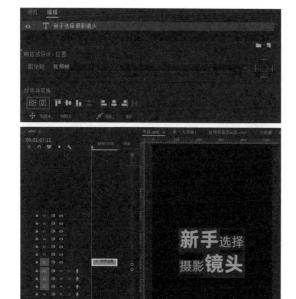

图 4-172　使文本在画面中居中

在"基本图形"面板中，单击"水平居中"按钮▣和"垂直居中"按钮▣，如图 4-172 所示。

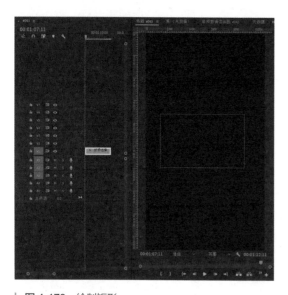

图 4-173　绘制矩形

长按"钢笔工具"✐，在弹出的菜单中选择"矩形工具"▣，并在文字周围绘制一个矩形，如图 4-173 所示。

文字已经被该矩形遮挡。在"效果控件"面板中，交换文字图层和形状图层的位置，如图 4-174 所示，使文字图层位于形状图层上方。

图 4-174　交换图层位置

此时绘制的矩形和背景都是黑色的，在画面上不能呈现出效果。在形状图层中，勾选白色的描边，如图 4-175 所示。

图 4-175　调整矩形的样式

需要注意的是，绘制好矩形后，这个文字图层的效果控件中会新增一个形状图层，如图 4-176 所示；而不是在轨道上新建了一个形状图层，如图 4-177 所示。

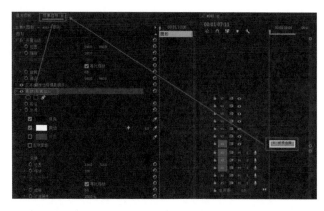

图 4-176 正确
的操作

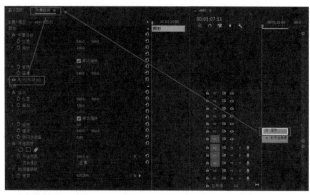

图 4-177 错误
的操作

错误的操作也可以达到同样的效果，但不利于后续制作成预设模板。

选择"钢笔工具" ✐，在画面中绘制两根线条，并标记不同的颜色，如图 4-178
所示。

图 4-178 绘制
线条

为这两根线条的运动打上关键帧，使两根线条"嗖"地一下入画，并停留几秒，再快速出画。以绿色线条为例，将其放置在画面中合适的位置，单击"位置"参数前的"切换动画"按钮，如图 4-179 所示。

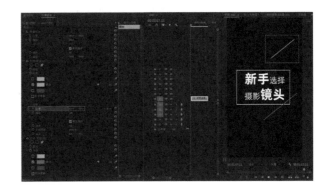

图 4-179　给绿色线条打上关键帧

一段时间后，将绿色线条沿其绘制方向移动至画面中心区域，并打上关键帧，如图 4-180 所示。

图 4-180　调整绿色线条的运动路径 1

因为绿色线条运动速度较慢，所以隔上相同的时间，只移动一小段距离，再次为其打上关键帧，如图 4-181 所示。

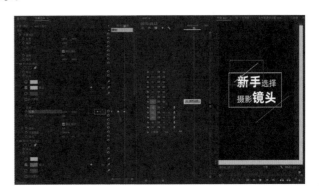

图 4-181　调整绿色线条的运动路径 2

把绿色线条向画面主体外的方向移动，并打上关键帧，如图 4-182 所示。

图 4-182　调整绿色线条的运动路径 3

为了使其运动更丝滑，全选这 4 个关键帧后右击，在弹出的菜单中选择"临时插值"选项，然后选择"自动贝塞尔曲线"，如图 4-183 所示。

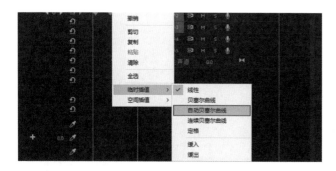

图 4-183　使绿色线条运动更丝滑

在"不透明度"中，也需要打上关键帧。在绿色线条还没有进入的时候，将其"不透明度"设置为 0%，完全进入时设置为 100%，准备移出时也设置为 100%，移出后设置为 0%，如图 4-184 所示。

图 4-184　调整绿色线条的不透明度

对红色线条进行相同的操作。

使用 Red Giant 插件中的 Data Glitch 效果，在文本出现和消失的时刻，分别打上关键帧，如图 4-185 所示。

图 4-185　增 加 Data Glitch 效果

至此，该文本效果制作完成。

右击这个图层，在打开的菜单中选择"导出为动态图形模板"，如图 4-186 所示。在弹出的对话框中命名并保存该效果。

图 4-186　导 出 为模板

在以后的制作中，如果想快速调用这个模板，只需要切换至"图形"工作区，在"基本图形"面板的"浏览"中找刚才保存的模板，将其直接拖进"时间轴"面板就可以了，如图 4-187 所示。

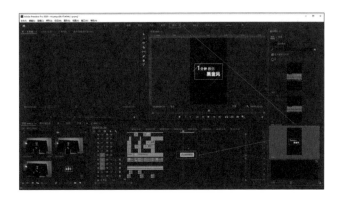

图 4-187　在"浏览"中找到想要的模板

4.5　旅拍类

在旅行的路上，总有崭新的灵感或创作思路出现。本节将着重讲解旅拍类短视频应该如何拍摄。

4.5.1　如何规划行程

无论是从拍摄的质量还是从新颖度来说，选择一条人烟稀少的路线总是更能吸引观众的注意力。

下面以一次海南环岛旅行为例，谈一谈在前期可以怎样规划行程。旅行大概从三亚开始，到海口结束，沿东海岸线一路向北，途中景色经历从大海和礁石到雨林和瀑布的变化。可以通过互联网了解一些小众景点，如姐妹瀑布、燕子洞等，尝试在微博、小红书等分享平台搜索"海南""小众"等关键词，寻找景好人少的地方（见图 4-188）。

图 4-188　景好人少的地方

旅拍灵感可以源自别人的旅拍类短视频，如果目的地是川西，那么可以观看目的地相同或相似旅拍类短视频，试图找出其不足之处并思考如何借鉴或超越。

4.5.2　如何把普通的风光照调成"大片"

在 928 县道上，可以看见落日残阳（见图 4-189），这些千变万化的色彩无法完全呈现在相机里。

图 4-189　镜头里的落日残阳

更令人着迷的是在黑云压城时的落日余晖中时不时闪过的几道闪电，我们妄想径直开向闪电与光亮，并记录这一瞬间。

由于时间紧迫，实际记录下的画面根本不能呈现震撼人心的风景。我们只能凭借后期工作，尽可能还原场景，使其更加壮观。原始画面如图 4-190 所示。

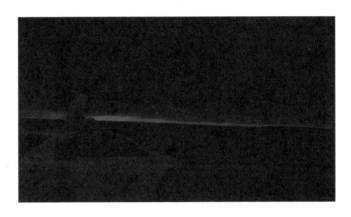

图 4-190　原始画面

调色前，要明确画面的光线分布情况。中间的落日部分是整个画面中主要的高光区域，其他区域可以尽可能压低曝光度，以提高明暗对比度。

为了使对比更加强烈，还可以使用颜色的对比，即将高光区域的颜色调至偏向深红和柠檬黄，再将阴影区域的颜色调至偏向深蓝和浅紫。

调色后的效果如图 4-191 所示。

图 4-191　调色后的
效果

在该片段中，未能成功记录闪电，需在后期增加闪电特效。

打开 After Effects，在"效果和预设"中选择"高级闪电"效果，将其拖至一个新的纯色图层上，调整参数，如图 4-192 所示。

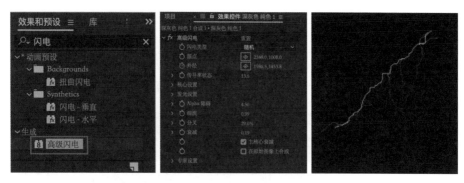

| **图 4-192** 在 After Effects 中添加"高级闪电"效果

为了使闪电更真实，将其预合成后，可以在该预合成图层上添加曝光度和发光等效果，如图 4-193 所示，模拟闪电发生时周围云层被闪电渲染的效果。

后期贴士

为了使曝光度能随机变换，可以为曝光度打上关键帧，并对该关键帧运用一定数值的 wiggle 函数，如图 4-194 所示。

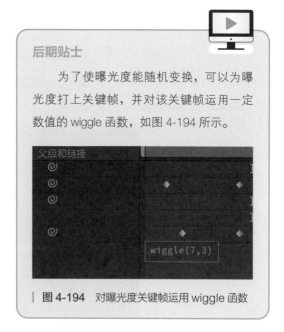

| **图 4-194** 对曝光度关键帧运用 wiggle 函数

| **图 4-193** 为闪电图层添加更多的效果

需要对视频元素进行跟踪，可先将跟踪数据存放于一个空对象中，再将闪电图层链接到该空对象上，如图 4-195 所示。

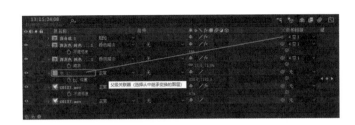

图 4-195　将该
闪电图层链接到
该空对象上

至此，想要的效果就制作完成了，如图 4-196 所示。

图 4-196　最终
效果

4.5.3 如何增强航拍视频的视觉冲击力

航拍是提升影片档次的方法之一，通常用于展现大远景，能够增强视频的视觉冲击力。

1. 运镜方式

常见的几种运镜方式在航拍时同样适用，如图 4-197 所示。这些常见且基础的运镜方式能有效直接地展现场景，提高观影舒适度。

图 4-197　平行跟随和向前跟随

除了一般视角，航拍还有一种视角，也就是常用的拍摄手法，即俯拍，如图 4-198 所示。

▏**图 4-198**　俯拍

结合这些运镜方式，可以在一个镜头中实现多个角度的变换。无人机快速斜穿画面主体的运动线路，随后绕到其正后方向前跟随的效果，如图 4-199 所示。

▏**图 4-199**　无人机运镜

无人机也可以先平行跟随，然后逐渐改变方向并后退，最后斜切至大远景。

2. 运镜技巧

视觉冲击力通常与速度变换密切相关。例如，被摄主体（如车辆、动物等）快速运动，配合无人机在相同或相异方向上的快速移动，更能增强画面的视觉冲击力。

还可以充分利用前景来营造速度的差异感。无人机跟随车辆向左移动，同时前景静止的灌木丛快速相对右移，以两者速度的差异感，来从侧面反映出画面的速度感，如图 4-200 所示。

图 4-200　利用前景来营造速度的差异感

当无人机和被摄主体保持相同的速度并向相同的方向移动时，还可以适当降低相机的快门速度，周围环境所产生的拖影可以营造出被摄主体高速移动的效果。

3. 注意事项

在切换不同的视角时，需要保持切换过程中操作顺滑。在切换过程中，画面不能停顿和急切，一旦卡顿，就只能切割掉卡顿片段，保留流畅片段。

某些短视频创作者会使用穿越机追求更强的视觉冲击力。穿越机可以快而灵活地切换不同的视角和运镜方式，但是频繁地变换视角和运镜方式，会让观众感到天旋地转，影响观看体验。

在公路上跟随车辆视野进行拍摄时，适合将无人机"失控行为"设置为"悬停"，如图 4-201 所示。

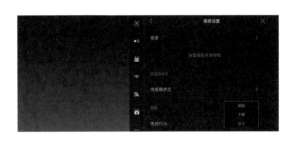

图 4-201　将"失控
行为"设置为"悬停"

如果无人机失联，则其有可能直接降落在马路上，这样容易造成事故。

当遇到大风等极端天气时，尽量少用无人机。若仍需使用无人机，请务必将其"失控行为"设置为"下降"。失去信号后，过大的风阻难以让无人机安全返航。

4.5.4　4 种后期剪辑技巧

1. 控制节奏

在后期处理旅拍类短视频时，笔者常以音乐作为剪辑的参照物。

如果素材多由静态、缓慢运镜的画面组成，在构思剪辑时就可以采用复古、文艺等风格，同时在寻找配乐时，尽量以缓和的音乐为主。在剪辑素材时，机械且笨拙地拼凑大量素材会让短视频缺少紧凑的节奏感，节奏的变换是短视频的吸睛之处。

如果想让短视频的开头像胶片倒带一样快速回放，可以在开头快节奏地剪辑某些精彩瞬间，配乐选择配合情绪流露的画外音；然后按照旅行的顺序进行剪辑，并配上舒缓的画外音或适宜的文字，或者按照"空镜头——人物背影——特写"等组合镜头搭配音乐的节奏进行剪辑。

总之，在剪辑前一定要构思整体框架和结构。剪辑开始先铺设一段 2~3 秒的倒带音效，然后以轻松的画外音作为第一部分——回忆。由于总体节奏偏舒缓，开头快速的回忆镜头不宜过长，紧接着处理回忆后音乐的衔接，音乐的时长和素材量必须紧密配合。铺设好音乐轨道后，就初步确定了短视频的结构和时长，整套操作有点儿类似于撰写作文的大纲。在开始剪辑的时候，我们很可能遇到素材过少，但音乐过长的窘况。这时可以先尝试缩短音乐时长，如果这样做会影响短视频的结构和过渡，那就重新选择合适的音乐。

如果素材多由视觉冲击力强的镜头组成，如穿越机航拍、极限运动、大幅度的相机运动等，可以选择一首由舒缓递进至激昂的情绪变换复杂的曲子。如果素材较多，且想让短视频的结构更为精巧，还可以自行组合搭配音乐。如果开头为舞龙、戏剧等素材，刚开始可以不铺设音乐，留出一段空白音轨，然后衔接古风类的曲目，再考虑加入一组古典音乐来递进情绪，等音乐结束后再淡出转场。

音乐就如"大纲"，而剪辑就如"作文"的小标题，两者需要相互配合。

控制好短视频节奏对剪辑来说至关重要，可以以音乐作为全片节奏的线索，这样有助于限制时长，把控节奏。不过此类剪辑技巧通常适用于旅拍类视频，如果是剪辑剧情、宣传片等类型的短视频，则需要按照脚本来把握节奏，其线索和重心不应是音乐，而是脚本。

2. "嗡"和"嗖"等音效的处理

声音与画面的配合，可以在一定程度上提升影片的质感。在相机入水的瞬间，可以把背景音乐"嗡"化，模拟在水下的声音，如图 4-202 所示。

| **图 4-202** 入水片段

在"效果器"面板中，找到"低通"效果器（见图 4-203），将其拖动至需要处理的音频片段上。

| **图 4-203** "低通"效果器

在"效果控件"面板中，在入水前的瞬间打上关键帧，然后在刚好入水的那一刻也打上关键帧，提高前者屏蔽度，降低后者屏蔽度，如图 4-204 所示。

图 4-204 设置"低通"效果器的参数

同理，在快出水的那一刻打上关键帧，并降低屏蔽度，在刚出水的那一刻也打上关键帧，并提高屏蔽度，使声音恢复原样。在处理进出水的画面时，还可以找到相关的入水音效，加在这两个地方，使短视频内容更生动丰富。

"嗖"音效通常用于快速切换场景或者缩放镜头（见图 4-205）。

图 4-205 缩放镜头

只需要在缩放的瞬间，加入"嗖"音效，如图 4-206 所示。

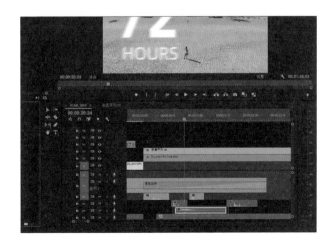

图 4-206 加入"嗖"音效

3. 利用"假"遮罩实现无缝转场

遮罩指的是在镜头前遮挡主体画面的成分。"成分"可以是一个模糊的人影,也可以是一块黑布。但有些时候,拍摄前期出现的不足可能会导致预期的遮罩效果不可用。下面讲解如何通过后期处理来制作一个"假"的遮罩。图 4-207 展示了将一张纸作为遮罩,无缝衔接两个镜头的效果。

图 4-207 利用"假"遮罩实现无缝转场

其实这张纸是一个单独的镜头。拍摄一段缓慢移动纸张的镜头,然后利用蒙版把纸张的边缘抠出来,如图 4-208 所示。

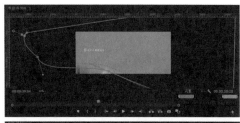

图 4-208 利用遮罩转场

利用遮罩转场时需要注意:在保证遮罩物体自然、连续运动时,还需要注意至少存在一帧画面被遮罩物体"充满",如图 4-209 所示。

图 4-209 至少存在一帧画面呈现遮罩物体本身

为了达到更好的画面效果，这两个镜头是经过精心设计的。这两个画面中人物的位置和占比大小几乎相同，同时，背景也有纸张掉落，用纸张实现遮罩转场也显得合情合理。

但是旅拍没有时间进行精心准备，应该怎么巧用"假"遮罩来过渡呢？

在图 4-210 中，这样一个黑色元素就可以用来实现遮罩转场，模拟相机拍摄时虚焦的前景。

图 4-210　巧用"假"遮罩

如果原画面没有这样的黑色元素，可以新建一个颜色遮罩，如图 4-211 所示。

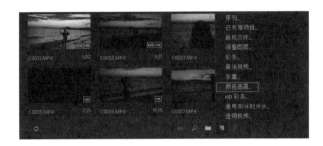

图 4-211　新建一个颜色遮罩

在这个颜色遮罩图层中，可以新建一个圆形遮罩，如图 4-212 所示。

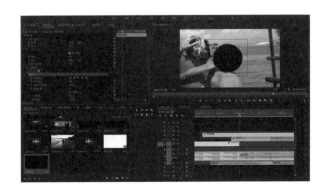

图 4-212　新建一个圆形遮罩

使用标准的椭圆进行转场，画面会显得极其不真实，随意调整一下形状，并增加其羽化值，模拟一种不规则的前景，如图 4-213 所示。

图 4-213 不规则的前景

给"运动"中的"大小"和"位置"打上关键帧，让黑影从画面右上方移动至画面中央且占据整个画面，然后往左下方移出画面，完成遮罩转场。

在连接两个毫不相干的片段时，如白天游玩的片段和篝火晚会的片段，可以提前在白天游玩的片段中增加火花特效，这样画面衔接会更自然。

同理，在面对下面两个片段时，也可以在第 1 个片段中加入第 2 个片段中的元素，使二者衔接得更自然，如图 4-214 所示。

图 4-214 提前引入下一画面中的元素

4. 利用多样的文本预设给短视频增色

在各大素材网站上，能够下载各种各样的文本预设，如图 4-215 所示。

图 4-215 文本预设

用相应的后期处理软件打开文本预设。使用此类文本效果，可以在画面中交代信息，也能提高画面的美观度，如图 4-216 所示。

图 4-216　增加文本效果

可以使用带位置图标的文本效果，在画面中交代位置信息，丰富画面内容，如图 4-217 所示。

图 4-217　增加带位置图标的文本效果

还可以使用 After Effects 里的"跟踪摄像机"，跟踪画面中的元素，将文本直接"嵌"入画面中，如图 4-218 所示。

图 4-218　将文本"嵌"入画面中

4.5.5 通过后期处理拯救"废片"

在拍摄的画面中，难免会存在一些"小瑕疵"。例如，画面中突然出现了一个不相干的人或物，需要将其移除，如图 4-219 所示。

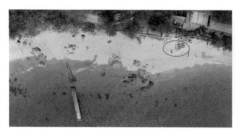

▏ **图 4-219** 不相干的人或物

"达芬奇"中有几个工具可以很好地帮我们修复画面。

如果相机是静止不动的，在效果中找到"局部替换工具"，然后将其拖至一个节点上，如图 4-220 所示。

—

图 4-220 使用"局部替换工具"

画面中出现了两个椭圆形，其中左侧椭圆形是替换区域，右侧椭圆形是被替换区域。可以在右侧的"设置"中改变窗口形状，在预览画面中，可以分别拖动椭圆形调整其位置，拖动右侧椭圆形的边角，也可以同时缩放两个椭圆形，如图 4-221 所示。

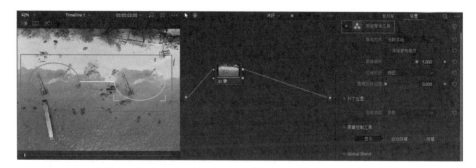

▏ **图 4-221** 调整"局部替换工具"参数

调整好椭圆形的位置和大小后，图像的替换工作也就完成了，如图 4-222 所示。

图 4-222　完成替换

但大部分时候遇到的都是运动的画面，这时可以使用效果中的"物体移除"，软件会覆盖想去掉的区域内容，如图 4-223 所示。

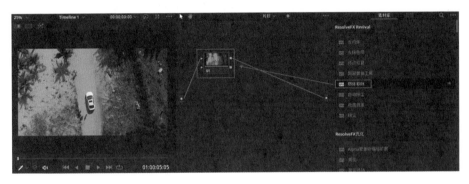

图 4-223　"物体移除"工具

先使用"窗口"工具，选中需要抹去的内容，然后使用跟踪器跟踪它，在右上角的"设置"中单击"场景分析"，耐心等待分析完成，如图 4-224 所示。

图 4-224　调整"物体移除"参数

单击"构建干净图层",该窗口内的像素将重新创建,如图 4-225 所示。

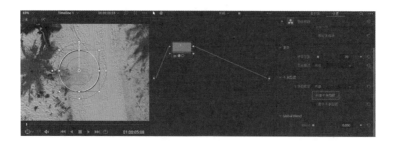

图 4-225 单击"构建干净图层"

在"达芬奇"中,还可以使用效果中的"去闪烁"来消除快门速度不匹配导致的光线闪烁问题,如图 4-226 所示。

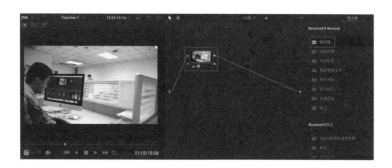

图 4-226 "去闪烁"工具

4.5.6 用 Photoshop 制作封面

制作合适的封面也是短视频制作中不可忽视的一步。封面会使观众对短视频产生第一印象,决定其是否进行观看。在短视频制作中,封面制作通常是最后一步。在本小节中,笔者将简单讲解如何利用 Photoshop 制作短视频封面。

大多数平台都要求横屏16:9 的封面。新建一个分辨率为 1920px×1080px 的文件,如图 4-227 所示。

图 4-227 新建文件

　　一般选取短视频中最好看的一帧画面或相关照片作为封面。找到合适的图片后，将其拖至画面中，在按住 Shift 键的同时拖动图片边角，调整其大小，使图片盖住黑边，如图 4-228 所示。

| 图4-228　调整图片大小

后期贴士

　　Photoshop 具有自由变化功能，其快捷键是 Ctrl + T。在拖动图片边角的过程中，图片的宽高比并不是固定的，图片可能会因为拖动而被横向或纵向拉伸；按住 Shift 键再拖动，可以保持图片的宽高比不变。

　　单击左侧工具栏中的"文字工具" T，再单击画面中的任意位置创建文字，如图 4-229 所示。

| 图4-229　创建文字

　　使用"矩形工具"，添加形状，在其顶部工具栏中，可以设置填充、描边颜色和线条的粗细程度，如图 4-230 所示。

| 图4-230　创建矩形并设置

| 图 4-231　选择"栅格化文字"

为了使画面更立体，可以擦除部分文字和边框。但由于矢量图像的特殊性，需要同时对矩形和文字两个图层进行栅格化处理之后才可以进行擦除，如图 4-231 所示。

单击左侧的"橡皮擦工具"，在各个图层上进行擦除，最终效果如图 4-232 所示。

| 图4-232　最终效果

使用类似的方法可以制作出其他类型的封面，如图 4-233 所示。

| 图4-233　更多封面